Wissenschaftliche Reihe Fahrzeugtechnik Universität Stuttgart

Reihe herausgegeben von

André Casal Kulzer, Stuttgart, Deutschland

Hans-Christian Reuss, Stuttgart, Deutschland

Andreas Wagner, Stuttgart, Deutschland

Das Institut für Fahrzeugtechnik Stuttgart (IFS) an der Universität Stuttgart forscht interdisziplinär sowie technologieoffen an modernen und zukunftsorientierten Fahrzeugkonzepten. In enger Zusammenarbeit mit Partnern aus Industrie und Wissenschaft entstehen neue Lösungen für die Mobilität der Zukunft. Das Institut gliedert sich in drei spezialisierte Lehrstühle, die gemeinsam das gesamte Spektrum der Fahrzeugtechnik abdecken: Der **Lehrstuhl für Fahrzeugantriebssysteme** widmet sich der Forschung nachhaltiger Antriebslösungen für künftige Mobilitätskonzepte. Im Fokus stehen alternative, elektrische sowie hybride Antriebssysteme und deren Komponenten – einschließlich der Nutzung nachhaltiger Energieträger wie Wasserstoff, synthetischer Kraftstoffe und Batterien. Der **Lehrstuhl für Kraftfahrzeugmechatronik** beschäftigt sich mit vernetzten, intelligenten und adaptiven Fahrzeugen. Im Zentrum stehen Fragestellungen zum Automatisierten und Vernetzten Fahren, Diagnose, Ladetechnologien, verteilte Systeme sowie softwarebasierte Fahrzeugfunktionen. Der **Lehrstuhl für Kraftfahrwesen** erforscht die physikalischen Grundlagen der Auslegung zukünftiger Fahrzeugkonzepte. Im Mittelpunkt stehen die Bereiche Aerodynamik, Windkanaltechnik, Akustik/NVH, Fahrzeugdynamik, Reifenmanagement und Thermomanagement Gesamtfahrzeug. Das IFS verfügt über eine vielfältige und hochmoderne Forschungsinfrastruktur, die realitätsnahe Untersuchungen vom Einzelbauteil bis zum Gesamtfahrzeug ermöglicht. Besonders hervorzuheben sind der Multikonfigurations- und Antriebsprüfstand für komplexe Antriebskonzepte, der Stuttgarter Fahrsimulator zur Untersuchung menschlichen Fahrverhaltens, der Aeroakustik-Fahrzeugwindkanal für akustische und strömungstechnische Fragestellungen sowie der Thermowindkanal zur Analyse thermischer Prozesse im Gesamtfahrzeug. Die wissenschaftliche Reihe „Fahrzeugtechnik Universität Stuttgart" dokumentiert die im Rahmen von Promotionen am IFS entstandene Beiträge zur Mobilität der Zukunft und zeigt deren thematische Vielfalt, methodische Tiefe und Praxisrelevanz.

Reihe herausgegeben von

Prof. Dr.-Ing. André Casal Kulzer
Lehrstuhl Fahrzeugantriebssysteme
Institut für Fahrzeugtechnik Stuttgart
Universität Stuttgart
Stuttgart, Deutschland

Prof. Dr.-Ing. Hans-Christian Reuss
Lehrstuhl Kraftfahrzeugmechatronik
Institut für Fahrzeugtechnik Stuttgart
Universität Stuttgart
Stuttgart, Deutschland

Prof Dr.-Ing. Andreas Wagner
Lehrstuhl Kraftfahrwesen
Institut für Fahrzeugtechnik Stuttgart
Universität Stuttgart
Stuttgart, Deutschland

Lukas Lang

Domain Gap Analyse von Radardaten aus dem Automobilbereich

Springer Vieweg

Lukas Lang
IVK, Fakultät 7, Lehrstuhl für
Kraftfahrzeugmechatronik
Universität Stuttgart
Stuttgart, Deutschland

Zugl.: Dissertation Universität Stuttgart, 2025
D93

ISSN 2567-0042 ISSN 2567-0352 (electronic)
Wissenschaftliche Reihe Fahrzeugtechnik Universität Stuttgart
ISBN 978-3-658-50119-8 ISBN 978-3-658-50120-4 (eBook)
https://doi.org/10.1007/978-3-658-50120-4

Die Deutsche Nationalbibliothek verzeichnet diese Publikation in der Deutschen Nationalbibliografie; detaillierte bibliografische Daten sind im Internet über https://portal.dnb.de abrufbar.

Planung/Lektorat: Friederike Lierheimer
Springer Vieweg ist ein Imprint der eingetragenen Gesellschaft Springer Fachmedien Wiesbaden GmbH und ist ein Teil von Springer Nature.
Die Anschrift der Gesellschaft ist: Abraham-Lincoln-Str. 46, 65189 Wiesbaden, Germany

Vorwort

Die vorliegende Arbeit entstand während meiner Tätigkeit beim Institut für Fahrzeugtechnik der Universität Stuttgart im Bereich Fahrzeugmechatronik unter der Leitung von Herrn Prof. Dr.-Ing. Hans-Christian Reuss.

Mein besonderer Dank gilt Herrn Prof. Dr.-Ing. Hans-Christian Reuss für die Betreuung und Unterstützung dieser Arbeit.

Ebenso bedanke ich mich bei Frau Jun. Prof. Dr.-Ing. Alina Roitberg vom Institut für Künstliche Intelligenz für die Übernahme des Mitberichts.

Außerdem bedanke ich mich bei Herrn Dr.-Ing. Gerd Baumann für die Motivation und die Unterstützung dieser sowie der täglichen Arbeit. Meinen Kolleginnen und Kollegen am IFS und FKFS danke ich für das angenehme Arbeitsklima und die ausgezeichnete Zusammenarbeit. Insbesondere bei Lukas Brandl und Dr. Jonas Maier bedanke ich mich, für den Austausch, den interessanten Gesprächen und die Diskussionen.

Zuletzt möchte ich meiner Familie für die moralische Unterstützung und den Rückhalt danken, ohne die ich die Arbeit nicht zu einem erfolgreichen Ende gebracht hätte.

Stuttgart Lukas Lang

Inhaltsverzeichnis

Vorwort ... V
Abbildungsverzeichnis ... IX
Tabellenverzeichnis ... XI
Abkürzungsverzeichnis ... XIII
Symbolverzeichnis ... XV
Kurzfassung ... XVII
Abstract ... XXI

1 Einleitung ... 1
1.1 Aufbau der Arbeit ... 4

2 Grundlagen ... 7
2.1 Domain Gap ... 7
2.2 Radarsensoren im Automobilbereich ... 9
2.3 Grundlagen der Statistik ... 15
2.3.1 Fitten von Daten ... 15
2.3.2 Verteilungen ... 16
2.3.3 Regressionsanalyse ... 18
2.3.4 Vergleich von Verteilungen und mathematischen Funktionen ... 20
2.3.5 Vergleich von Radardaten ... 21
2.4 Künstliche Intelligenz und Machine Learning ... 23
2.5 Übersicht über verfügbare Datensätze ... 30

3 Themenhinführung ... 33
3.1 Einordnung der Thematik ... 37
3.2 Herausforderungen mit Radarpunktwolken ... 40
3.3 Domains in Radardaten ... 44

4 Methoden dieser Arbeit ... 47
4.1 Definition der Anforderungen ... 47
4.2 Methode zur Erzeugung neuer Frames ... 50

4.3 Konzeption der Herangehensweise zur Domain Gap Analyse von Radardaten ... 56
4.4 Domain Gap Analyse von Radardaten ... 57
4.5 Diskussion der Methoden ... 66

5 Konzeption des Anwendungsfalls ... 69
5.1 Beschreibung des Anwendungsfalls ... 69
5.2 Bewegungsvorhersage ... 71
5.3 Labeling des Anwendungsfalls ... 73
5.4 Kollisionserkennung ... 78
5.5 Vorhersage der Kollisionswahrscheinlichkeit ... 82
5.5.1 Verwendung der Geschwindigkeitsinformationen ... 84
5.5.2 Verwendung der Höheninformation ... 93

6 Ergebnisse und Diskussion ... 97

7 Zusammenfassung und Ausblick ... 101

Literaturverzeichnis ... 107

Anhang ... 121

Abbildungsverzeichnis

2.1 Übersicht verschiedener Radardatentypen während der Signalverarbeitung ... 12
2.2 Darstellung der relativen Geschwindigkeit von Radarpunkten ... 14
2.3 Struktur eines Feedforward Netzes zur Funktionsapproximation ... 25
4.1 Umwandlung einer Punktwolke zu einer Grid-Map. links: Radarpunktwolke, rechts Grid-Map mit eingezeichneter Punktwolke ... 49
4.2 Grid-Maps einer Punktwolke: links realer Frame, Mitte neuer Frame, rechts Differenz der Matrizen ... 52
4.3 reduzierte Grid-Maps einer Punktwolke: links realer Frame reduziert, Mitte neuer Frame reduziert, rechts Differenz der Matrizen ... 53
4.4 Chamferdistanz zwischen neuen und originalen Punktwolken ... 53
4.5 Wassersteindistanz zwischen neuen und originalen Punktwolken ... 54
4.6 Überblick über die Vorgehensweise zur Domain Gap Analyse von Radardaten ... 56
4.7 Vergleich der Verteilung der Relativgeschwindigkeit verschiedener Verbaupositionen des KIDT-Datensatzes ... 60
4.8 Histogramme des KIDT- und nuScenes-Datensatzes von verschiedenen Radarparametern: x- y- z-Koordinate und v_r ... 62
5.1 Konzept der Vorgehensweise zur Kollisionsvorhersage mittels Radarpunktwolken in einem autonomen Fahrzeug ... 70
5.2 Verteilung der Kollisionswahrscheinlichkeit des KIDT-Datensatzes mit möglichen Fittingfunktionen ... 77
5.3 Konfusionsmatrix des nuScenes-Datensatzes (Subspace KNN) ... 81
5.4 Übersicht über den Trainings-, Test- und Optimierungsprozess ... 84
5.5 Ergebnis eines Optimierungsprozesses mit max. $N_{Layer} = 35$ und BRB als Trainingsfunktion ... 85
5.6 Trainingsregression von einem Datensatz mit realen Frames, Trainingsfunktion=BRB ... 86
5.7 TrainTregression Datensatz mit realen Frames, Trainingsfunktion=BRB ... 87
5.8 Testregression Datensatz mit realen Frames, Trainingsfunktion=BRB ... 87

5.9 Testperformance und Anzahl der gefundenen Frames N mit RMSE < 0,025, Trainingsfunktion=BRB und Verwendung der Relativgeschwindigkeit ... 88
5.10 Trainregression eines Datensatzes mit realen und synthetischen Frames, Trainingsfunktion=BRB ... 89
5.11 Testregression eines Datensatzes mit realen und synthetischen Frame, Trainingsfunktion=BRB ... 90
5.12 Testperformance und Anzahl der gefundenen Frames N mit RMSE < 0,025, Trainingsfunktion=BRB und Verwendung der Höheninformation ... 94
5.13 Testregression mit Auswahl aller Frames deren RMSE<0,025, Datensatz mit realen und synthetischen Frames, Trainingsfunktion=BRB ... 95
6.1 Zusammenhänge zwischen den Metriken und der Genauigkeiten zwischen den einzelnen Aufnahmeorte des NuScenes-Datensatzes ... 99
A.6 Testregression mit Auswahl aller Frames deren RMSE<0,025, Datensatz mit realen und synthetischen Frames, Trainingsfunktion=LMB ... 127
A.7 Testregression mit Auswahl aller Frames deren RMSE<0,025, Datensatz mit realen und synthetischen Frames, Trainingsfunktion=SCGB ... 128

Tabellenverzeichnis

4.1 Werte der Wasserstein und Chamfer Analyse der Radarparameter zwischen dem KIDT- und dem nuScenes-Datensatz 62
4.2 Maximal- und Mittelwerte der x-Koordinate der Aufnahmeorte des nuScenes-Datensatzes 63
4.3 Werte der Wasserstein Analyse der Relativgeschwindigkeit v_r 63
4.4 Werte der Chamfer Analyse der Relativgeschwindigkeit v_r 64
4.5 Übersicht über den RMSE und den Funktionen der gefitteten Funktionen für die x-Koordinate 65
4.6 Werte der AVM Analyse: vr 66
5.1 Ergebnisse verschiedener Klassifikationsansätze mit Verwendung von v_r und dem rein realen Datensatz 79
5.2 Ergebnisse verschiedener Klassifikationsansätze mit Verwendung von v_r und des erweiterten Datensatz 80
5.3 Ergebnisse verschiedener Klassifikationsansätze bei Verwendung der z-Koordinate 81
5.4 Werte der Trainregression der jeweils besten Netzkonfigurationen 90
5.5 Werte der TrainTestregression der jeweils besten Netzkonfigurationen 91
5.6 Werte der Testregression, der jeweiligen besten Netzkonfigurationen 91
5.7 Werte der Testregression, der jeweiligen besten Netzkonfigurationen des nuScenes-Datensatz 92
5.8 Testergebnisse der Aufnahmeorte auf den jeweils anderen 92
A.2 Werte der AVM Analyse der x-Koordinate 127
A.6 Werte der Testregression, der jeweiligen besten Netzkonfigurationen 129
A.7 Mediane der Metriken bei Vergleich Metriken zu Genauigkeit zwischen einzelnen Domains 129

Abkürzungsverzeichnis

ADC	Analog/Digital Konverter
AVM	Area Validation Metrik
BRB	Bayesian Regularization Backpropagation
CD	Chamfer Distanz
CFAR	konstante Falsch-Alarm-Rate
FFT	Fast-Fourier-Transformation
FMCW	Frequency-Modulated Continuous-Wave
FoV	Field of View
GEN	Genauigkeit
KI	Künstliche Intelligenz
KNN	K-Nearest-Neighbour
LIDAR	Light-Detection-and-Ranging
LMB	Levenberg-Marquardt Backpropagation
LRM	Linear-Regression-Model
ML	Machine-Learning
MSE	Mean-Squared-Error
NN	Neuronales Netz
PRÄ	Präzision
RCS	Radar-Cross-Section
RD	Range-Doppler
RMSE	Root-Mean-Squared-Error

SCGB	Scaled Conjugate Gradient Backpropagation
SEN	Sensitivität
SPE	Spezifizität
WD	Wasserstein Distanz

Symbolverzeichnis

	Griechische Buchstaben	
α	Schnittpunkt mit y-Achse	-
β	Steigung eines Linear-Regression-Model	-
Δd	Abstand zwischen Radarantennen	mm
ϵ	Fehler der Regression	-
μ	Mittelwert	-
λ	Wellenlänge	nm
ρ	Radar-Cross-Section	-
σ	Standardabweichung	-
Θ	Winkel	°
ν	Gewichtung (Weight)	-

	Indizes
C	Carrier (Frequenz)
CH	Chrip
e	Empfangen
Gauss2	doppelte Gaussverteilung
i	Index
IF	Empfängerbandbreite
Index	Index
Index	Index
max	maximal
min	minimal
n	Maximalwert eines Index
P	Punkt
r	relativ
res	Auflösung
s	Gesendet

	Lateinische Buchstaben	
A	Punktmenge	-

b	Verzerrung	-
D	Entfernung	m
f	Frequenz	Hz
G	Antennenverstärkung	dB
h	Bandbreite	-
I	Kernel Funktion	-
L	Energie	J/kg K
N	Anzahl	-
p	Parameter für Weibull-Verteilung	-
$\overline{PO}$	Vektor zwischen Radarsensor und Punkt	-
q	Parameter für Weibull-Verteilung	-
R	R-Wert des Linear-Regression-Model	-
S	Sicherheitsfaktor	-
s	Aktivierungsfunktion eines Neurons	-
T	Zeitschritt	s
U	Apertur	-
u	Wert eines Neurons	-
v	Geschwindigkeit	km/h
W	Kollisionswahrscheinlichkeit	%

Kurzfassung

Um Unfälle im Straßenverkehr mit autonomen Fahrzeugen zu vermeiden ist es wichtig, dass Kollisionen vermieden werden. Bevor eine Vermeidung von Kollisionen möglich ist, müssen diese vorhergesagt werden. Dabei kommt es vor allem auf eine frühzeitige Erkennung an. Gängige Methoden über eine vorgeschaltete Objekterkennung und Berechnung von Trajektorien sind allerdings zum einen fehlerbehaftet und verzögern zum anderen eine Kollisionserkennung. Eine Vorhersage auf Sensordaten ohne Umwege benötigt dagegen weniger Berechnungen und verkürzt die Reaktionszeit. Daher beschäftigt sich diese Thesis damit, ob eine Kollisionsvorhersage direkt mittels Sensordaten und Ansätzen aus dem Bereich der Künstlichen Intelligenz (KI) möglich ist. Außerdem wird untersucht, welchen Einfluss verschiedene Domains auf das Ergebnis haben. Eine Domain ist der Ort der Aufnahme, der gewählte Sensor oder die Verbauposition. Zur Vorhersage werden hier Radardaten aus dem Automobilbereich verwendet. Dabei bildet die Verwendung von Radardaten aus dem Automobilbereich mittels KI-Ansätzen zur Kollisionsvorhersage eine signifikante Forschungslücke.

Radarsensoren sind im Gegensatz zu Kamera und Light-Detection-and-Ranging (LIDAR) Sensoren robust gegenüber Wettereinflüssen und Lichtverhältnissen. Im Allgemeinen liefern Radarsensoren eine unstrukturierte, multidimensionale Punktwolke. Es wird sowohl die Position als auch die Geschwindigkeit von Objekten gemessen. Außerdem existieren Radarsensoren, welche zusätzlich die empfangene Energie und die sogenannte Radar-Cross-Section (RCS) liefern. Somit ist eine Verwendung all dieser Radarinformationen zur Kollisionsvorhersage möglich.

Die vorliegende Arbeit unterteilt sich zum einen in eine Konzeption und Implementierung der Kollisionsvorhersage und zum anderen in die Untersuchung der Domain Gaps. Zur Kollisionsvorhersage wird ein Konzept vorgestellt, mit dem eine Vorhersage von Kollisionen auf Radarpunktwolken ermöglicht wird. Anschließend wird dieses Konzept auf reale Radardaten angewendet.

Zur Bestimmung der Kollisionswahrscheinlichkeit wird eine Labeling-Pipeline aufgebaut, welche Positionen des Ego-Fahrzeugs[1] und anderer Verkehrsteilnehmer

[1] Ego-Fahrzeug = aktuell betrachtete Fahrzeug

sowie Zeitschritten verwendeten, um Trajektorien[2] zu approximiert. Auf Basis dieser Trajektorien berechnet diese Arbeit die Wahrscheinlichkeit einer Kollision berechnet. Somit erhält jede Punktwolke eine Kollisionswahrscheinlichkeit. In der anschließenden Anwendung wird zunächst die Kollision mittels eines Machine-Learning (ML) Ansatzes erkannt, danach ermittelt ein Neuronales Netz (NN) die Kollisionswahrscheinlichkeit. Der hier gewählte NN-Ansatz dient vor allem zur Funktionsapproximation. Dabei schätzt das NN den Eingang auf einen dazugehörigen Wert.

Diese Arbeit beschäftigt sich außerdem mit der Vorverarbeitung der unstrukturierten Punktwolken aus einem Radarsensor zur Verwendung als Eingang des ML- und NN-Ansatzes. Zusätzlich wird eine Optimierungsstrategie herausgearbeitet, um eine optimale Netzkonfiguration zur Wahrscheinlichkeitsvorhersage zu ermitteln. Dabei hängt der Erfolg eines Algorithmus nicht nur von der gewählten Netzkonfiguration ab, sondern auch von den verwendeten Daten. Ein Neuronales Netz kann lediglich auf das reagieren, was es schon einmal „gesehen" hat. Die Daten für die Anwendung müssen also innerhalb des Trainingsdatensatzes vorhanden sein. Allerdings ist es nicht immer trivial zu bestimmen, ob der aktuelle Datenpunkt innerhalb des Trainingsdatensatzes liegt. Zusätzlich ist es nicht eindeutig, wie sich das Netz bei unbekannten Daten verhält.

In der Literatur wird dieser Unterschied zwischen den Trainings- und Testdaten auch Domain Gap genannt. Dazu erfolgt zuerst eine statistische Erfassung verschiedener Daten wie der Geschwindigkeiten, Positionen und weiterer relevanter Parameter. Dies ermöglicht eine mathematische Analyse der Unterschiede. Dabei wird zwischen den einzelnen Domains unterschieden. Eine weitere Analyse ist die Ähnlichkeit von Punktwolken. Dabei werden Methoden wie die Chamfer-, Hausdorff und Wassersteindistanz verwendet. Diese Arbeit diskutiert zusätzlich die Vor- und Nachteile der einzelnen Methoden für den vorliegenden Anwendungsfall der Kollisionserkennung.

Die Ergebnisse der Arbeit zeigen, dass Kollisionsvorhersagen mittels Radardaten durchführbar sind. Allerdings müssen diese in eine strukturierte Form überführt werden. Diese Arbeit verwendet dazu vorhandene Ansätze wie sogenannte Grid-Maps und passt das Vorgehen an Radarpunktwolken an. Dazu werden die Herausforderungen diskutiert, die sich speziell bei der Verwendung von Radarpunktwolken ergeben.

[2]Trajektorie = Pfad eines Objektes

Die Anwendung auf verschiedene Radarinformationen zeigt, dass diese unterschiedlich genaue Ergebnisse in der Kollisionserkennung und -vorhersage ergeben. Zusätzlich sind Unterschiede in den Domains erkennbar und mathematisch abbildbar. Allerdings besitzen hier bereits kleine Unterschiede in den Daten einen großen Einfluss. Eine weitere Erkenntnis ist, dass selbst Datensätze, welche nicht darauf spezialisiert sind, zur Kollisionserkennung dienen können. Dazu zeigt diese Arbeit eine Methode um die Datensätze entsprechend zu erweitern. Im Allgemeinen wird dazu eine Sensorsimulation verwendet. Das Ergebnis einer Sensorsimulation ist allerdings, auf Grund der physikalischen Eigenschaften von elektromagnetischen Wellen, von den verwendeten Sensor- und Umgebungsmodellen abhängig. Die hier gezeigte Methode ermöglicht eine Generierung von zusätzlichen Daten ohne einer zusätzlichen Sensorsimulation.

Die Ergebnisse dieser Arbeit helfen dabei, Kollisionsvorhersagen direkt mittels Radardaten zu ermöglichen. Das hier gezeigte Konzept ermöglicht zudem eine flexible Integration der Kollisionsvorhersage in autonome Systeme, indem auf bestehende Kommunikationen zwischen der Sensorik und dem System aufgebaut wird. Außerdem werden Methoden aufgezeigt, um Datensätze die Radardaten beinhalten, zu erweitern und Einflüsse der Daten auf das Ergebnis der Kollisionsvorhersage zu analysieren.

Abstract

To prevent accidents involving autonomous vehicles on the road, it is important to avoid collisions. Before collisions can be avoided, they must first be predicted. Early detection is particularly important in this regard. However, common methods involving upstream object detection and trajectory calculation are prone to errors and delay collision detection. Prediction based on sensor data without detours, on the other hand, requires fewer calculations and shortens the reaction time. This thesis therefore examines whether collision prediction is possible directly using sensor data and approaches from the field of artificial intelligence (AI). It also investigates the influence of different domains on the result. A domain is the location of the recording, the selected sensor, or the installation position. Radar data from the automotive sector is used for prediction. The use of radar data from the automotive sector for collision prediction using AI approaches represents a significant research gap.

Collision detection indicates whether a collision exists, and prediction indicates the probability of a collision. Radar sensors are particularly well suited for this purpose due to their robustness to light and weather conditions and their ability to measure speeds. Since differences in training and test data can lead to a deterioration in the results of neural networks (NN), the influence of so-called domain gaps is also investigated. To answer the research question, this thesis designs and implements a procedure for collision detection and prediction. In addition, the aforementioned domain gaps are mathematically recorded and their influence on the result is investigated.

The literature on the state of the art in domain gaps refers to these as differences between training and test data. A possible deterioration in the results of an NN due to these differences highlights the need for their analysis. The literature also shows that domain gaps arise not only from the use of different sensors, but also from different recording locations, different viewing angles for an object, or the use of simulated data. However, the literature focuses on comparing the results of AI or ML approaches based on camera and LIDAR data. To enable independence from these approaches, this work additionally investigates the mathematical description of these domain gaps in radar data.

The subsequent basics of radar sensors in the automotive sector introduce their functionality and signal processing, in particular the radar equation and the generation of ADC and RD data, as well as the subsequent point clouds. The structure of the antennas (aperture) and the constant false alarm rate (CFAR) determine the accuracy and resolution of a radar. This influences the number of points and the density of the point clouds. Signal processing and the resulting point clouds form the basis for discussing the challenges that arise when using radar data. They also significantly determine the requirements that apply to this work.

The fundamentals of statistics play an important role in the analysis of domain gaps. This thesis focuses primarily on data fitting, which involves changing parameters to find a mathematical function that best describes the data series. Data fitting is used in this word both in regression analysis and in the description of distributions. This description also enables a comparison of distributions. Distributions represent the frequency of a value using discrete histograms or continuous standardized functions. In this work, the Gaussian, Weibull, logistic, and exponential distributions are primarily applied to and compared with radar parameters such as coordinates or velocity. The subsequent regression analysis is also based on data fitting methods. The linear regression model (LRM) is used for this work, as the coefficient of determination (R^2 value) can be used to demonstrate a linear dependence between two parameters. In the case of this work, this is the dependence between the labeled collision predictions and the results of an NN. To compare the distributions and radar data, this work uses established distance metrics: the Wasserstein-distance, the Chamfer-distance, and the Area-Validation-Metric. These methods offer the advantage that changing the order of the data has no influence on the result and that the data to be compared can be of different sizes. This is particularly important when applied to radar point clouds, as these differ from frame to frame. Another topic area is the fundamentals of AI and ML. This work primarily uses an NN for function approximation. The basics show that the input data must be uniform and always the same size. In addition, the result is highly dependent on the selected function for backpropagation. Therefore, the implementation compares the results of common functions, such as Levenberg-Marquardt (LMB), Scaled Conjugate Gradient (SCGB), and Bayesian Regularization Backpropagation (BRB).

Based on the literature, a definition of domain gaps is provided. This states that domain gaps are differences that exist within one or between two data sets. For example, a domain is the location of the recording, whereas a domain gap exists between recordings from Boston and Singapore. To identify the research gap, the chapter first classifies the work in the literature and in the field of autonomous driving. This shows that the topics discussed here can be located in the field of environmental sensing and object recognition or classification. However, unlike in other works, the entire point cloud is classified and assigned a collision probability value. In addition, the literature shows that collision detection applications already exist, but these are predominantly based on analog signals. Furthermore, these applications track individual points in the direction of travel to detect collisions. Other works use sensor fusion to detect objects, but here the radar is only used for support. Another topic from the literature is the use of grid maps. However, other approaches to generating these grid maps use ADC or RD data for object localization. In addition, these are accumulated over several frames. However, this requires precise positioning of the ego vehicle. It is therefore clear that there is a gap in research when it comes to detecting and predicting collisions outside the direction of travel based on different radar point clouds from different sensors. There is also no concept that can be used with both a driver and a self-driving system. Furthermore, radar sensors are less widely used than camera and LIDAR sensors.

The use of radar data in AI and ML applications, especially with radar point clouds, presents challenges. Due to signal processing and aperture, the varying number of points and their large distance within the point cloud pose a challenge for AI and ML. Solutions from the literature for standardization, such as randomly adding or removing points (jittering), are not useful for radar point clouds, as the position and speed of a point depend heavily on the material properties of the object and its relative position to the ego vehicle. The grid maps mentioned above are a useful solution. This work uses the range and resolution of the respective radar to define them. This ensures that only one point lies in a grid area. To circumvent the low density of points, this work interpolates between the points. This gives all grid areas within the cloud a value.

This work also divides the topic of domain gaps into environmental and sensor domains. This chapter discusses various domains. To reduce the complexity of the topic, the domain gaps relevant to this thesis are selected for the following chapters: the location of the recording, the type of sensor, and its installation position. Since the literature focuses on the results of individual applications, there is also a research gap in analyzing domain gaps based on data.

In addition, there will be a concept for approaching domain gap analysis of radar data. The methods include a detailed description of the generation of new frames, domain gap analysis, and analysis of radar data. The requirements arise from the use of radar point clouds on the one hand and from the labeling pipeline for labeling the frames on the other. In order to convert the unstructured, sparse point clouds into vectors as input for the AI and ML approaches, the aforementioned interpolation between the points and grid maps is used. The required positions and orientations of the objects for the labeling pipeline determined the selection of the data sets. Since the databases contain relatively few frames with possible collisions, this work also implemented a method for generating new frames using jittering from Chapter 3. By taking radar characteristics into account, changes in the clouds remain below the perception threshold of a real radar, which means that the information content of the situation does not change and no new domain gap is created. The new frames are also assigned their own collision probabilities, as NN requires a separate value for each input for function approximation. To speed up training, the grid maps are also reduced in size.

The work confirms through the distance metrics of the fundamentals that both the new and old frames are similar and that the differences between the frames are reduced by the reduction in size, thus preventing a new domain gap from arising. This is followed by the conception of the approach to domain gap analysis of radar data, which is divided into several steps: analysis, selection of domains, domain gap analysis of the data, application, analysis of the influence of the domain gap on the application. The concept is designed in such a way that applications other than collision detection can also be used. The domain gaps are analyzed based on the distributions of the x, y, and z coordinates and the relative velocity, using the values of the distributions and the distance metrics. The domain of the installation position shows no significant differences. The domain of the sensor type, on the other hand, shows clear differences due to the Chamfer-distance, and that of the recording location due to the Wasserstein-distance. The Area-Validation-Metrik is not recommended, as it is strongly influenced by data fitting.

Furthermore, preliminary considerations are made that divide the concept into preprocessing, recognition, and prediction. The concept is designed so that it can be implemented in existing applications with a driver or an autonomous system. Motion prediction is based on the positions of several time steps, which are used to approximate the trajectory using the object velocity. With the help of motion prediction, the positions of the objects, and the ego vehicle, the labeling pipeline determines the probability of collision. Based on approches from the literature the work develops a function for calculating this using rules. The subsequent implementation of collision detection shows that classification approaches such as a subspace KNN or bagged trees achieve an accuracy of 98 % when using relative speed without new frames, but the sensitivity is only 32 %. This shows that few collisions were detected as such. With new frames, however, the accuracy of using relative velocity increases to 99,6 % and sensitivity to 99,9 %. The z-coordinate, on the other hand, also yields high values for both, but the specificity is relatively low. For collision prediction, a procedure is presented that determines the optimal network, since the initial configuration of an NN has a particularly strong influence on the result. Additional frames also improve the accuracy of the prediction, from 14 to 93 %, among other things. The results obtained using BRB show the most accurate results. Training and testing on the individual domains shows that these have a strong influence on the result. The accuracy varies between 0 and 50 % between the recording locations.

The results show that the low specificity values for the z-coordinate can be explained by the labeling pipeline, as it uses relative velocity. An analysis of the recording locations with the results of the 50 best networks in relation to the distance metrics shows that the results decrease with increasing Wasserstein-distance and Area-Validation-Metric. The research question can therefore be answered by saying that radar point clouds can be used to determine probability with the help of AI and ML approaches, and that domain gaps have a strong influence on the result.

The findings of this work help to enable collision predictions directly using radar data. They thus enable further research into trajectory planning and control of autonomous vehicles. The work is a building block for protecting vulnerable road users in dangerous situations. The results have the potential to support a driver in a Level 3 or 4 autonomous vehicle or the autonomous system itself and to help assess potentially dangerous situations. The concept presented here also enables flexible integration of collision prediction into autonomous systems by building on existing communications between the sensor technology and the system. In addition, methods are presented for expanding data sets containing radar data and analyzing the influence of the data on the collision prediction result. These methods provide an approach for making recommendations on the usability of data sets for the assessment of potential collisions using radar data.

For further work based on this thesis, the use of additional databases is recommended. Additional measurements may contain further data within the domain gaps. It is also useful to examine other types of data from radar signal processing. These provide further information about the environment and have a uniform structure. However, it should be noted that the amount of data is significantly larger than with point clouds. Furthermore, a simulation of the radar sensors can help to create specific domain gaps and investigate their influence.

1 Einleitung

Dieses Kapitel stellt als Einleitung zuerst die Motivation dieser Arbeit vor. Basierend darauf wird die Forschungsfrage gestellt. Anschließend folgt der Aufbau der Arbeit.

Die Motivation der Arbeit resultiert vor allem aus einem Unfall, der sich im März 2018 in Tempe Arizona mit einem autonomen Fahrzeug ereignete [81]. Dabei wurde eine Frau bei Nacht angefahren. Der Unfallbericht zeigt, dass die Objekterkennung, die zur Berechnung der Geschwindigkeit und zur Trajektorienplanung verwendetet wurde, relativ früh einsetzte. Allerdings änderte sich ihre Klassifikation über den Zeitraum sehr stark. Daher erkannte das System erst 1,3 s vorher, dass eine Notbremsung eingeleitet werden muss. Aufgrund von Latenzen eines Systems zur Reaktion und des Bremswegs eines Fahrzeugs ist es wichtig, dass eine Kollision so früh wie möglich registriert wird. Allerdings stellt bereits die Erfassung und Klassifizierung eines Objektes sowie die Reaktion darauf eine Latenz dar. Eine Vorhersage einer Kollision auf Sensordaten ohne Objekterkennung benötigt dagegen weniger Berechnungen und verkürzt die Zeit, bis eine Notbremsung eingeleitet werden kann.

Diese Thesis beschäftigt sich daher damit, ob eine Kollisionsvorhersage direkt mittels Sensordaten und Ansätzen der Künstlichen Intelligenz (KI) wie Machine-Learning (ML) Ansätze und Neuronale Netze (NN) möglich ist. Die Herausforderung hierbei ist das unvorhersehbare Verhalten bestimmter Ansätze bei unbekannten Daten. Als unbekannte Daten werden hier Daten bezeichnet, welche zum Beispiel ein NN während des Trainings nicht erhalten hat. In der Literatur wird dieser Unterschied zwischen Trainings- und Testdaten auch Domain Gap genannt [20, 79, 83]. Daher untersucht die Arbeit zusätzlich, welchen Einfluss diese Domain Gaps auf die Kollisionsvorhersage besitzen. Dabei stellt die Verwendung von Radardaten aus dem Automobilbereich mittels KI-Ansätzen zur Kollisionsvorhersage und ihrer Domain Gap Analyse eine signifikante Forschungslücke dar.

Zur Kollisionsvorhersage werden in dieser Arbeit Radardaten aus dem Automobilbereich verwendet. Radardaten sind im Automobilbereich etablierte Sensoren, die sich bereits in verschiedenen Assistenzsystemen bewährt haben [13, 71, 105, 128]. Unter anderen werden Radarsensoren bereits zur Kollisionsvermeidung in soge-

L. Lang, *Domain Gap Analyse von Radardaten aus dem Automobilbereich*,
Wissenschaftliche Reihe Fahrzeugtechnik Universität Stuttgart,
https://doi.org/10.1007/978-3-658-50120-4_1

nannte Adaptive Cruise Control und Collision Avoidance Systemen eingesetzt [91]. Der Vorteil von Radardaten gegenüber Kameras und Light-Detection-and-Ranging-Sensoren ist die Unabhängigkeit von Lichtverhältnissen und eine hohe Stabilität bei extremen Wetterverhältnissen [114, 122]. Mittels eines Radars ist zusätzlich zur Bestimmung der Position eines Objektes die Messung der Geschwindigkeit möglich. Somit diskutiert diese Arbeit, unter anderen ob sich diese Informationen zur Kollisionsvorhersage eignen.

Das Ziel dieser Arbeit ist die Entwicklung eines Systems, das mögliche Kollisionen erkennt. Die Kollisionsvorhersage wird anschließend auf verschiedene Datensätze angewendet. Durch die Verwendung verschiedener Datensätze ergeben sich die zuvor erwähnten Domain Gaps. Daher wird zusätzlich der Einfluss von verschiedenen Domains auf das Ergebnis der Kollisionsvorhersage untersucht. Der Fokus liegt hierbei auf der Verwendung statistischer Methoden zur Beschreibung der Domains.

Als Domain wird in dieser Thesis eine Unterteilung eines oder mehrerer Datensätze bezeichnet. So unterteilt sich ein Datensatz in unterschiedliche Aufnahmeorte, Verbaupositionen der Sensoren am Fahrzeug, aber auch die Verwendung unterschiedlicher Radarsensoren. Allerdings ist der Unterschied zwischen Datensätzen innerhalb der einzelnen Domain nicht immer trivial zu bestimmen. Hier hilft eine Analyse der Ähnlichkeit.

Dazu werden zuerst verschiedene Domains für diese Arbeit definiert. Auf Basis der Domains werden dann Methoden ausgearbeitet, um die Unterschiede zwischen verschiedenen Datensätzen zu analysieren. Da die hier verwendeten Datensätze nicht auf Kollisionen ausgelegt sind, wird danach zum einen eine eigene Pipeline konzipiert und zum anderen eine Methode zur Erweiterung des Datensatzes ohne zusätzlicher Sensorsimulation vorgestellt. Die Labeling-Pipeline berechnet für jeden Frame[1] anhand der bekannten Positionen die Trajektorien des Ego-Fahrzeugs und anderer Verkehrsteilnehmer. Anhand des Schnittpunktes der Trajektorien berechnet sich die Wahrscheinlichkeit einer Kollision. Die Methode zur Erweiterung der Datensätze verwendet die bereits vorhandenen Punktwolken und erzeugt anhand der Sensorcharakteristiken neue Punktwolken. Zusammen mit der Variation der Kollisionswahrscheinlichkeit entstehen dabei neue Daten.

[1] Frame = Beinhaltet die Messergebnisse aller Sensoren eines Zeitschritts.

Durch die Verwendung von Radardaten für KI-Ansätze ergeben sich außerdem verschiedene Herausforderungen, welche im Rahmen dieser Arbeit ebenfalls diskutiert werden. Eine Herausforderung ist unter anderen die Verwendung verschiedener Radarsensoren. Unterschiedliche Radarsensoren erzeugen verschiedene Daten und Datenstrukturen. Dadurch unterscheidet sich die Auflösung, die Reichweite oder der Field of View (FoV). Zudem liefern Radarsensoren aufgrund ihrer Signalverarbeitung unterschiedliche Datentypen. So sind die Datentypen durch sogenannte Analog/Digital Konverter (ADC) oder Range-Doppler (RD) Daten zum einen Matrizen, durch eine Weiterverarbeitung zum anderen aber auch Punktwolken. Zusätzlich zum Datentyp, unterscheidet sich je nach Datensatz die innere Struktur. So beinhalten Aufnahmen in der Stadt, aufgrund der Gebäude, viele Punkte mit unterschiedlichen Höheninformationen. Bei einer Messung auf einer Autobahn dagegen, befinden sich die Punkte überwiegend auf Bodenhöhe. Außerdem werden die Geschwindigkeiten der Punkte auf einer Autobahn höher sein als in einer Stadtmessung. Diese Arbeit liefert dazu eine Vorgehensweise um die Daten zur Verwendung zur Kollisionsvorhersage vor zu bearbeiten.

Um die Kollisionsvorhersage mittels KI und die Domain Gaps zu untersuchen, unterteilt sich die Arbeit in die Analyse der Domain Gaps und in die Konzeptionierung und Implementierung der Kollisionsvorhersage. Zur Domain Gap Analyse werden die Radarpunktwolken statistisch erfasst. Dies ermöglicht eine mathematische Analyse der Unterschiede mittels der Chamfer-, der Wassersteindistanz und der Area-Validation-Metrik. Zusätzlich diskutiert die Arbeit die Vor- und Nachteile dieser Methoden für die einzelnen Domain Gaps. Anschließend wird die Kollisionsvorhersage konzeptioniert und implementiert. Der erste Schritt des Konzepts beinhaltet die Überführung von unstrukturierte Radarpunktwolken in eine strukturierte Form. Diese Arbeit verwendet dazu sogenannte Grid-Maps und diskutiert zusätzlich die Anforderungen und Herausforderungen, welche sich bei dieser Überführung von Radardaten ergeben. Der zweite Schritt überprüft mittels eines ML-Ansatzes, ob eine Kollision vorliegt oder nicht. Danach ermittelt im Schritt drei ein NN zur Funktionsapproximation die Kollisionswahrscheinlichkeit. Das Konzept wird implementiert und mittels reale Radardaten analysiert. Zur Kollisionserkennung werden zudem verschiedene ML-Ansätze miteinander verglichen und zur Kollisionsvorhersage wird eine Optimierungsstrategie zur optimalen Netzkonfiguration heraus gearbeitet

Es ist zu erwähnen, dass in der vorliegenden Arbeit zum einen eine Zusammenstellung bestehender Methoden aus unterschiedlichen Bereichen verwendet wird und zum anderen liegt der Fokus auf der Erarbeitung des Konzepts zur Kollisionsvorhersage durch Radardaten mittels eines ML- und eines NN-Ansatzes. Die Methoden und Ansätze, sollen als ein Baustein zur Absicherung von gefährdeten Verkehrsteilnehmer in gefährlichen Situationen dienen. Die Ergebnisse unterstützen somit einen Fahrer in einem autonom Level 3 oder 4 fahrenden Fahrzeug oder ein autonomes System bei der Bewertung der Situation. Außerdem unterstützen die entwickelten Methoden bei einer Empfehlung der Verwendbarkeit von Datensätzen.

Ausgehend von der in diesem Kapitel beschriebenen Motivation, ergibt sich folgende Forschungsfrage:

> Können Radarpunktwolken zur Bestimmung der Wahrscheinlichkeit einer Kollision mittels Künstliche Intelligenz (KI)-Ansätzen verwendet werden und wie wirken sich Unterschiede in den Datensätzen auf das Ergebnis aus?

1.1 Aufbau der Arbeit

Um die Forschungsfrage zu untersuchen werden in dieser Arbeit mehrere Teilbereiche bearbeitet. Dabei unterteilen sich die Kapitel in zwei Hauptbereiche. Wie bereits in der Motivation beschrieben, wird zum einen eine Domain Gap Analyse von Radardaten diskutiert, zum anderen wird das Thema der Kollisionsvorhersage mittels Radardaten bearbeitet.

Zuerst stellt Kapitel 2 die Grundlagen vor. Basierend darauf diskutiert Kapitel 3 Vorüberlegungen sowie Herausforderungen für die Methoden und die Anwendung der Arbeit und führt so zum Thema hin. Zusätzlich wird eine Definition der Domain Gaps und ihrer Analyse gegeben. Darauf aufbauend werden zuerst in Kapitel 3.2 die Herausforderungen, die sich bei der Verwendung von Radarpunktwolken ergeben, genannt. Daran schließt sich die Herausarbeitung der Domain Gaps für diese Arbeit an.

Basierend auf den Grundlagen und der Themenhinführung werden in Kapitel 4 die Methoden der Arbeit vorgestellt. Zunächst geht Kapitel 4.1 auf die Anforderungen ein. Basierend darauf stellt Kapitel 4.2 eine Möglichkeit zu Erzeugung zusätzlicher Frames mit Radardaten vor. Ebenfalls basierend auf den Anforderungen zeigt Kapitel 4.3 eine allgemeine Vorgehensweise zur Domain Gap Analyse von Radardaten auf. Die Methoden zur Analyse der Domain Gaps werden dann in Kapitel 4.4 diskutiert. Anschließend stellt Kapitel 4.5 die Ergebnisse vor.

Basierend auf den Kapiteln 3 und 4 stellt Kapitel 5 die Konzeption der zuvor erwähnten Kollisionsvorhersage vor. Hierbei wird zuerst Grundlegendes in Kapitel 5.1 diskutiert. Mit Hilfe der grundlegenden Überlegungen wird ein Konzept zur Kollisionsvorhersage gegeben. Dieses teilt sich in mehrere Schritte ein. Bevor allerdings die Implementierung des Konzept vorgestellt wird, erfolgt das Labeling. Dazu diskutiert Kapitel 5.2 die Herangehensweise zur Bewegungsvorhersage mit Daten, welche nicht auf Kollisionen spezialisiert sind. Basierend darauf wird in Kapitel 5.3 die Labeling-Pipeline konzipiert. Anschließend wird mit Hilfe von realen Datensätzen die Konzeption implementiert und der Einfluss verschiedener Parameter und Netzkonfigurationen auf die Güte der Vorhersage analysiert. Der erste Schritt basiert auf den Methoden aus Kapitel 4.1 und Kapitel 4.2. Die Ergebnisse hierzu finden sich bereits in Kapitel 4.2. Die Implementierung des zweiten Schritts erfolgt in Kapitel 5.4. Hierbei wird zunächst untersucht, ob die Erkennung einer Kollision mittels eines ML-Ansatzes möglich ist. Dabei untersucht das Kapitel die Ergebnisse verschiedener ML-Ansätze. Danach zeigt Kapitel 5.5 die Vorhersage der Kollisionswahrscheinlichkeit als Schritt zwei des Konzepts. Hierbei werden die Regressionen des Trainings und Testens verglichen. Außerdem wird ein Optimierungsprozess konzipiert um die Netzkonfiguration zu finden, welche die beste Vorhersage trifft. Anschließend wird der Einfluss der Unterschiede zwischen den Datensätzen untersucht.

Die Ergebnisse der Analyse werden dann in Kapitel 6 diskutiert. Basierend darauf gibt das Kapitel eine Empfehlung der Methoden zur Domain Gap Analyse von Radardaten. Zum Schluss beinhaltet Kapitel 7 eine Zusammenfassung und zeigt einen Ausblick auf zukünftige Arbeiten.

2 Grundlagen

Das folgende Kapitel stellt die Grundlagen für diese Arbeit vor. Sie bilden die Basis für die Methoden in Kapitel 4. Zuerst wird das Thema der Domain Gaps in Kapitel 2.1 aus der Literatur aufgegriffen. Danach folgen die Grundlagen und die Funktionsweise von Radarsensoren in Kapitel 2.2. In den Grundlagen stehen dazu vor allem die Funktionsweise von Radarsensoren aus dem Automobilbereich im Vordergrund. Außerdem werden in Kapitel 2.3 die Grundlagen der Statistik vorgestellt. Der Fokus liegt hier auf dem Fitten von Daten und der Beschreibung von Verteilungen. Zusätzlich werden die Grundlagen zur Regressionsanalyse vorgestellt, die zur Analyse von Abhängigkeiten verschiedener Daten dienen. Darauf aufbauend werden Methoden zum Vergleich von Verteilungen sowie von Radardaten beschrieben. Die Grundlagen der Statistik spielen zudem beim darauffolgenden Kapitel 2.4 zur KI und ML eine wichtige Rolle. Außerdem gibt Kapitel 2.5 einen Überblick über verfügbare Datensätze aus dem Automobilbereich gegeben.

2.1 Domain Gap

Anwendungen wie autonom fahrende Fahrzeuge, die eine lange Laufzeit besitzen, müssen eine große Anzahl an Variationen in ihren Daten handhaben können [20]. Je nach Trainingsdaten unterscheiden sich diese durch die hohe Variation der Testdaten bzw. Anwendungsdaten. Diese Unterschiede zwischen einem Trainings- und einem Testdatensatz wird in der Literatur als Domain Gaps bezeichnet [20, 79, 83]. Allerdings ist es nicht immer trivial, wie sich ein NN mit unbekannten Daten verhält. Aus diesem Grund sollten bei einer Verwendung von NN Domain Gaps in den Daten berücksichtigt werden. Dieses Kapitel stellt dazu einen Überblick über die Literatur vor, welche sich mit Domain Gaps im Automobilbereich beschäftigen. Eine detaillierte Definition für Domain Gaps in dieser Arbeit wird dagegen in Kapitel 3 gegeben.

L. Lang, *Domain Gap Analyse von Radardaten aus dem Automobilbereich*,
Wissenschaftliche Reihe Fahrzeugtechnik Universität Stuttgart,
https://doi.org/10.1007/978-3-658-50120-4_2

Die Literatur zeigt, dass NN eine Verschlechterung ihrer Ergebnisse aufweisen, sobald sich die Testdaten zu stark von den Trainingsdaten unterscheiden [65, 79, 83]. Daher ist eine Analyse von Domain Gaps ein wichtiger Bestandteil in der Konzeption von Anwendungen mittels NN. Die in dieser Arbeit verwendeten Ansätze von NN zur Funktionsapproximation (siehe Kapitel 2.4) zeigen ebenfalls Schwierigkeiten beim Zuordnen von Daten, wenn diese außerhalb des Trainingsdatensatzes liegen. Der folgende Abschnitt stellt einzelne Arbeiten und Betrachtungen von Domain Gaps einzelner Modalitäten wie Kamera, LIDAR und Radar vor.

Die Ausprägung der Untersuchung von Domain Gaps in Kameradaten ist in der Literatur bereits sehr hoch. So untersuchen Liu und Zhang die Evaluation von Bildern mittels der Entropie [65]. Weitere Literatur dagegen verwenden Ausgabewahrscheinlichkeiten von Klassifikationsalgorithmen zur Analyse [18, 62, 115]. Ein Beispiel zu Domain Gaps von Kameradaten sind Bilder von Nummern. Die eine Domain sind Fotos von Zahlen, z. B. Hausnummern, die andere Domain sind Bilder von handgeschriebenen Zahlen. Beide Arten von Bildern zeigen Zahlen, allerdings unterscheiden sie sich in Form und Farbe. Somit existiert hier eine Domain Gap zwischen den Aufnahmearten. Im Bereich des autonomen Fahrens sind Domain Gaps relevant im Wiedererkennen von Orten und der Erkennung der Position des Ego-Fahrzeugs [6, 14, 19, 99]. In Bezug auf die Methoden aus Kapitel 4 ist dies mit einer Verwendung unterschiedlicher Datenbanken vergleichbar. Eine weitere Domain Gap ist die Verwendung von realen und simulierten Daten [21, 72].

Die Lokalisation der Ego-Position ist mittels Punktwolken ebenfalls möglich [99]. Außerdem bildet hier ebenso eine Betrachtung von realen und synthetischer Punktwolken eine Domain Gap [12, 125]. Zusätzlich ist hier die Verwendung unterschiedlicher Sensoren relevant. Vor allem im Automobilbereich ist die Vielfältigkeit der verwendeten Sensoren sehr hoch. Richter et. al. untersuchen daher in [92] den Domain Gap zwischen zwei verschiedenen LIDAR-Sensoren. Sie montieren für die Messung Sensoren mit unterschiedlicher Auflösung an ein Fahrzeug. Als Anwendung verwenden sie eine Objekterkennung, basierend auf der PIXOR Architektur [123]. Das Ergebnis der Untersuchung ergibt einen deutlichen Unterschied, sobald der Ansatz mit einem Sensor trainiert und mit dem anderen getestet wird. Zusätzlich kann ein unterschiedlicher Betrachtungswinkel bei der Objekterfassung [125] zu Domain Gaps führen. Bei Punktwolken, die aus einer Messung entstehen spielt zusätzlich das Rauschen während des Messvorgangs eine wichtige Rolle. Die mehrmalige Messung eines Objektes führt daher zu unterschiedlichen Punktwolken. Im Automobilbereich ist dies vergleichbar mit dem mehrmaligen Durchfahren einer Straße, was zu unterschiedlichen Punktwolken führt. Die Generierung unterschiedlicher Punktwolken ist vor allem bei Radarsensoren stark ausgeprägt, da die Signalverarbeitung eine hohe Abhängigkeit zum Rauschen aufweist (siehe Kapitel 2.2).

2.2 Radarsensoren im Automobilbereich

Der nachfolgende Abschnitt beschäftigt sich mit Radarsensoren und ihren Daten. Dabei wird zum einen auf die Signalverarbeitung und zum anderen auf die resultierenden Daten wie ADC-Daten, RD Diagrammen und Punktwolken eingegangen.

Wie die Bezeichnung Radar als Radio Detection And Ranging impliziert, basieren Radarsensoren auf dem Aussenden und Erfassen von elektromagnetischen Wellen. Hierbei spielt vor allem die Ausbreitung mit Lichtgeschwindigkeit in der Luft und die Reflexion an Objekten eine wichtige Rolle. Die Ausbreitung mit Lichtgeschwindigkeit ermöglicht eine schnelle Erfassung von Objekten. Dadurch gleichen sich die Methoden und Eigenschaften eines Radars zu einem LIDAR [114]. Im Gegensatz zu LIDAR-Sensoren ist die Messung relativ robust gegenüber Wettereinflüssen. Außerdem ist durch eine Phasenverschiebung nach einer Reflexion an sich bewegenden Objekten eine Messung der Geschwindigkeit möglich. Hierbei ist zu beachten, dass lediglich die relative Geschwindigkeit v_r direkt gemessen werden kann. Im folgenden Kapitel wird zuerst auf die allgemeinen Grundlagen von Radarsensoren eingegangen. Darauf basierend werden Grundlagen für Sensoren aus dem Automobilbereich vorgestellt.

Als Grundlage für die nachfolgenden Betrachtungen dient die Radargleichung. Die Radargleichung, oder auch Radargrundgleichung genannt, ist ein wichtiger Baustein der Radartechnik [32, 36]. Mit Hilfe der Radargleichung wird die empfangene Leistung L_e in Abhängigkeit der Sendeleistung P_s, der Entfernung des Objektes D sowie der effektiven Fläche des reflektierten Objektes berechnet. Außerdem spielt die effektive Antennenfläche eine wichtige Rolle. Diese wird in der Literatur auch als Apertur bezeichnet und stellt die Antennenkonfiguration dar. Bei einer Betrachtung der Radargleichung ist zu erwähnen, dass die bei Anwendungen aus dem Automobilbereich verwendeten Radare zu den Primärradaren zählen. Anders als Sekundärradare senden Primärradare die zu erfassenden elektromagnetischen Wellen zuerst aus und empfangen diese danach wieder. Zur Vereinfachung werden im Folgenden lediglich Zusammenhänge für Punktziele betrachtet. Dabei lautet die Radargleichung für Punktziele wie folgt [32]:

$$L_e = L_s \frac{G_s \cdot U_e \cdot \rho}{(4 \cdot \pi)^2 \cdot D^4} \qquad \text{Gl. 2.1}$$

Wobei G_s für die Sendeverstärkung und ρ für die RCS steht.

Die Antennen Apertur des Sensors wird durch U_e beschrieben. Dies ist ebenfalls in der Definition zu sehen:

$$U_e = \frac{G_e \cdot \lambda^2}{4 \cdot \pi} \qquad \text{Gl. 2.2}$$

Im Gegensatz zu G_s aus Gl. 2.1 ist G_e die Verstärkung, welche beim Empfangen des Signals verwendet wird. Zudem wird die Wellenlänge der ausgesendeten elektromagnetischen Welle mit λ angegeben.

Wie aus der Radargleichung zu entnehmen, ist die empfangene Leistung L_e proportional abhängig vom Abstand des Objekts D und nimmt dementsprechend mit der vierten Potenz ab. Wenn L_{min} die minimale detektierbare Leistung ist, so ergibt sich für die maximal erfassbare Reichweite D_{max} folgende Gleichung:

$$D_{max} = \sqrt[4]{\frac{L_s \cdot G_s \cdot U_e \cdot \rho}{L_{min} \cdot (4 \cdot \pi)^2}} \qquad \text{Gl. 2.3}$$

ρ wird angegeben als effektive Fläche des Objektes im Verhältnis zu einem Quadratmeter.

Weitere Betrachtungen der Radarcharakteristiken berücksichtigen in den zuvor genannten Gleichungen die Dämpfung der Atmosphäre [32]. Da dies hier nicht relevant ist, wird die Dämpfung im Rahmen dieser Arbeit nicht berücksichtigt.

Ausgehend von der Radargleichung nach Gl. 2.1 wird im folgenden Abschnitt die Signalverarbeitung eines Radarsensors vorgestellt. Hierbei liegt der Fokus auf den Bereichen, die zum Verständnis im Rahmen dieser Arbeit notwendig sind. Vor allem der Bereich, der zur Verwendung von Radaren aus dem Automobilbereich gehört.

Wie bereits erwähnt, basiert die Signalverabeitung eines Radars auf dem Senden und Empfangen eines elektromagnetischen Signals. Diese Signale werden mittels verschiedener Antennen empfangen. Jede Antenne liefert dabei ein analoges Signal. Das Signal wird dann mittels Multiplexing mit dem zuvor gesendeten Signal verglichen. Durch eine Messung der Zeit zwischen dem Senden und Empfangen, kann der Abstand zur Reflexion ermittelt werden. Das Ergebnis wird von Analouge-Digital-Converter in sogenannte ADC-Daten verarbeitet. Die Analouge-Digital-Converter lesen das analoge Signal der Antennen ein und tasten es in diskreten Zeitintervallen ab. Durch die Messung mehrerer Zeitintervalle und dem Aussenden sogenannter Chirps entsteht eine Matrix. Als Chirp wird ein einzelnes Signal oder ein Abschnitt auf dem gesamtem Signal bezeichnet, welches seine Frequenz über die Zeit ändert [53]. Die Breite der Matrix wird durch die Anzahl der Messungen bestimmt und die Höhe durch die Anzahl der Chirps. Hierbei ist zu beachten, dass ADC-Daten einen realen und einen imaginären Anteil besitzen. Dies ist bei Verwendung von ADC-Daten wichtig. Außerdem wird pro Antenne eine Matrix generiert. Dadurch entsteht ein sogenannter Radar-Würfel [47].

Die Matrizen werden mittels einer 2D-Fast-Fourier-Transformation (FFT) weiterverarbeitet. Die FFT wird dabei über die Anzahl der Messungen und danach über die Anzahl der Chirps durchgeführt. Durch die FFT werden so einzelne Reflexionen herausgefiltert. Das Resultat aus der FFT wird auch RD genannt. Dabei ist die x-Achse die Dopplerverschiebung und die y-Achse die Entfernung. Die Werte der Matrix entsprechen der Energie des Signals. Aus der Dopplerverschiebung lässt sich anschließend die Geschwindigkeit berechnen.

Nach Berechnung der Geschwindigkeit erfolgt die Detektion einzelner Punkte. Diese werden mittels eines Schwellwerts der Energie ermittelt. Allerdings kann ein RD je nach Rückstrahlung verrauscht sein, weshalb ein vordefinierter Schwellwert hier nicht verwendet werden darf. Daher wird in der Radartechnik eine Analyse der konstante Falsch-Alarm-Rate (CFAR) verwendet [32]. Die CFAR ist eine Methode um den Schwellwert je nach Rauschen anzupassen. Der Vorteil ist, dass damit eine Erkennung von unterschiedlich starken Signalen möglich ist. Ein starkes Rauschen verringert allerdings die Anzahl der Detektionen. Zusammen mit einer Winkelabschätzung [32] und der Entfernung zur Detektion, entsteht eine Punktwolke. Die Abhängigkeit zum Rauschen führt allerdings zu unterschiedlich großen Punktwolken, mit unterschiedlicher Anzahl an Punkten. Durch die Messung verschiedener Größen, wie der Position, der Geschwindigkeit oder der Energie, ist diese Punktwolke N-Dimensional. Diese Größen werden in dieser Arbeit auch als Radarparameter bezeichnet. Ein Radarsensor gibt eine Punktwolke als Tabelle an. Für NN werden diese in Matrizen transformiert.

Ein weiterer wichtiger Aspekt, welcher bei Radaren aus dem Automobilbereich relevant ist, ist die Aussendecharakteristik. Diese wird maßgeblich durch die Antennenkonfiguration bestimmt. Der Aufbau der Apertur bestimmt dabei die Form und Größe des Strahlenkegels. Außerdem entscheidet das Vorhandensein unterschiedlicher Antennenarrays über die Möglichkeit zur Höhenbestimmung eines Objektes. Je nach Ausstattung des Fahrzeugs existieren Sensoren, welche diese Informationen nicht messen (siehe auch Kapitel 2.5).

Die Signalverarbeitung beeinflusst die Datenstruktur, welche ein Sensor liefern kann. Im Allgemeinen werden vor allem RD-Daten und Punktwolken für nachfolgende Anwendungen verwendet. Es existieren allerdings auch Ansätze zur Verwendung von ADC-Daten [59]. Eine Übersicht über die verschiedenen Datentypen ist in Abbildung 2.1 dargestellt. Die hier gezeigten Datentypen ergeben sich aus der Signalverarbeitung. Hierbei ist zu sehen, dass wie zuvor beschrieben nach dem Empfangen der elektromagnetischen Wellen und analogen Signalverarbeitung, ADC-Daten entstehen, daraus RD und zuletzt Punktwolken. Wie die Abbildung ebenfalls zeigt, werden ADC-Daten als Matrix beziehungsweise als Würfel angegeben. Die Daten eines RD werden meist ebenfalls mittels einer Matrix und damit als Bild dargestellt. Die Darstellung der Radarpunktwolke erfolgt über eine Tabelle. Dabei wird jeder Spalte eine Information zugeordnet. So ergeben die Koordinaten jeweils eine Spalte, aber auch v_r oder die empfangene Energie.

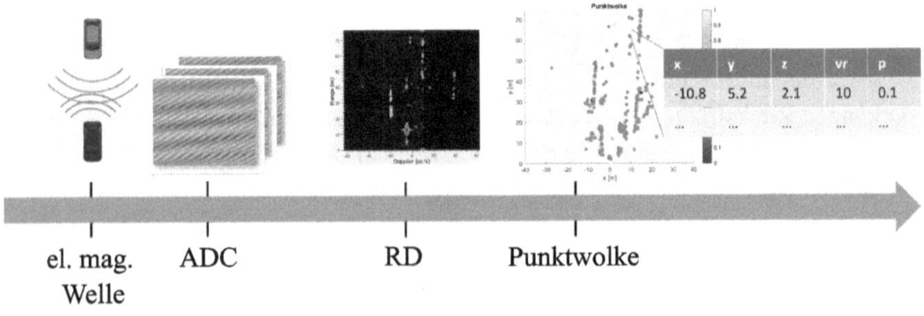

Abbildung 2.1: Übersicht verschiedener Radardatentypen während der Signalverarbeitung

Aufgrund der Art der Signalverarbeitung gehen durch FFT und CFAR mehr Informationen über die Umwelt verloren, je weiter die Daten verarbeitet sind. Daher besitzen die analogen Signale an den Antennen den höchsten Informationsgehalt. Allerdings ist hier auch das Rauschen der Messung am stärksten. Durch die Diskretisierung zu ADC-Daten verliert das Signal an Informationen, allerdings verringert sich zusätzlich der Einfluss des Rauschens. Dieses wird weiterhin durch die Verarbeitung in RD-Diagramme und daraufhin in Punktwolken verringert [32].

Im folgenden Abschnitt wird insbesondere auf die Funktionsweise von Radarsensoren im Automobilbereich eingegangen. Radarsensoren im Automobilbereich arbeiten mit Bandbreiten von Mittelfrequenzen zwischen 24-24,5 GHz oder 77-79 GHz [128]. Dabei wird zwischen dem Nahbereich (short-range) und dem Fernbereich (long-range) unterschieden. Diese Unterscheidung ergibt sich aus den unterschiedlichen Auflösungen, welche direkt von der verwendeten Frequenz abhängen (siehe Tabelle A.1). Für Radarsensoren existieren verschiedene Ansätze, um ein Radar-Signal zu modellieren: Pulse Doppler Radar [32], Frequency-Modulated Continuous-Wave (FMCW) [112, 128], Linear Frequency-Modulated CW [32] oder Stepped FMCW [32]. Einen weiteren Überblick, über verschiedene Signalverarbeitungsarchitekturen und Millimeter-Wellen Technologien für Radare aus dem Automobilbereich wird unter anderem in [30], [41, 43] und [124] gegeben. Der am weitesten verbreitete Ansatz ist der FMCW.

Der Vorteil von FMCW-Radaren, ist die gleichzeitige Messung der Distanz, des Winkels und der Geschwindigkeit eines Punkts [128]. Dazu wird die Frequenz moduliert. Die Frequenz f wird mittels einer Frequenzrampe der Steigung S über die Bandbreite B stetig erhöht. Als Start wird die Startfrequenz f_C (oder Carrier Frequenz [128]) angegeben. Diese Frequenzrampe ist beim FMCW der zuvor genannte Chirp [128]. Während der Messung eines Frames werden dann N_{CH} Chirps ausgesendet. Außerdem wird der Chirp N-mal abgetastet. Die Anzahl der Chrips und das Abtasten definiert somit die Größe der ADC-Daten und die Auflösung des RD und schlussendlich der Punktwolke.

Einen Überblick über die wichtigsten Gleichungen, um die Werte der Charakteristika eines FMCW-Radars zu ermitteln, liefert Tabelle A.1 im Anhang. Dabei ist unter anderem die Gleichung für die maximale Reichweite R_{max}, der maximal messbaren Geschwindigkeit v_{max} sowie des maximalen Winkels Θ_{max} aufgelistet. Außerdem gibt die Tabelle einen Überblick über die jeweiligen Auflösungen: R_{res}, v_{res} und Θ_{res}. Zusätzlich zu den zuvor genannten Charakteristika existieren weitere Charakteristika: die IF-Bandbreite h_{IF}, Anzahl der Empfangsantennen N_R, der Abstand dieser Antennen Δd sowie die Länge eines Chirps T_{CH} [128]. Es ist noch zu erwähnen, dass je nach Apertur zwischen den horizontalen und den vertikalen Antennenarrays unterschieden werden muss. So besitzt der überwiegende Teil der eingesetzten Automobilradare lediglich einen horizontalen Antennenarray. Dies verringert einerseits die Anschaffungskosten, andererseits ist mit diesen Sensoren keine Messung der Höhe möglich. Die Tendenz geht allerdings dahin, dass zusätzliche Antennen-Arrays verbaut werden. Daher erhöht sich die Anzahl der Datensätze mit Höheninformationen und deren Anwendungen [36].

Für diese Arbeit sind insbesondere die Auflösungen der Reichweite und der Geschwindigkeit wichtig. Diese beeinflussen vor allem die Berechnungen der Methoden aus Kapitel 4.4 und Kapitel 4.2. Hierbei ist die Relativgeschwindigkeit v_r besonders zu beachten. Wie bereits erwähnt, misst ein Radarsensor durch die Phasenverschiebung lediglich die Geschwindigkeit relativ zum Radarsensor. Somit muss der reale Geschwindigkeitsvektor errechnet werden. Die Messung erfolgt dabei in Richtung des empfangenen Signals. Somit wird ein Vektor $\overline{v}_r$ zwischen dem Sensor und dem Punkt mit der Länge v_r gebildet, wobei $\overline{v}_r$ im detektierten Punkt beginnt. Ist v_r positiv, so zeigt der Vektor vom Sensor weg und bei negativem Vorzeichen zeigt er zum Sensor hin. Diese Beziehung ist in Abbildung 2.2 genauer dargestellt. In der Abbildung sind außerdem die x- und y-Komponente von $\overline{v}$ eingezeichnet. Diese befinden sich im Koordinatensystem des Sensors. Um die tatsächliche Geschwindigkeit $\overline{v}$ des Punkts zu ermitteln, muss von der x-Komponente die Geschwindigkeit des Ego-Fahrzeugs abgezogen werden. Dieser Vorgang wird auch Kompensation genannt [41].

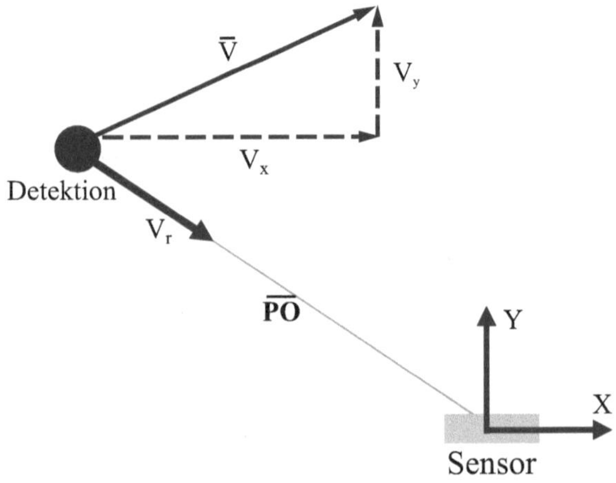

Abbildung 2.2: Darstellung der relativen Geschwindigkeit von Radarpunkten

Die Grundlagen der Radarsensoren werden vor allem in der Parametrisierung der statistischen Repräsentation sowie in der Überführung der Punktwolken in eine strukturierte Form benötigt.

Abschließend lässt sich sagen, dass eine Vorverarbeitung bei Anwendungen mit Radardaten der Verarbeitung von LIDAR-Daten gleicht, da in der Regel die Datenstruktur bei beiden eine Punktwolke ist.

2.3 Grundlagen der Statistik

Im folgenden Kapitel werden die Grundlagen der Statistik behandelt, welche für die vorliegende Arbeit notwendig sind. Zuerst erfolgt das Fitten von Daten. Danach wird auf die Themengebiete der Regressionsanalyse sowie der Analyse von Verteilungen eingegangen. Weitere Themen der Statistik sind: Vergleiche von Verteilungen, mathematischer Funktionen und Radardaten.

2.3.1 Fitten von Daten

Beim Fitten von Daten wird eine mathematische Funktion gesucht, die den Verlauf der Daten am „besten" beschreibt [2]. Als beste Funktion wird die Funktion bezeichnet, welche die geringste Abweichung von den Datenpunkten besitzt. Beim Fitten wird zuerst eine Funktion sowie eine Startkonfiguration der Parameter ausgewählt. Danach erfolgt eine Änderung der Parameter. Nach jeder Veränderung werden die Datenpunkte in die Funktion eingesetzt und der Abstand zu den ursprünglichen Punkten berechnet. Zur Berechnung des Abstands wird hier der Root-Mean-Squared-Error (RMSE) verwendet. Sobald ein Minimum des RMSE gefunden ist, wird diese Parameterkonfiguration ausgewählt.

Die Literatur betrachtet im Allgemeinen verschiedene Funktionen zum Fitten. Im Rahmen dieser Arbeit wird zwischen rein mathematischen und nicht-parametrischen Funktionen unterschieden. Als rein mathematische Funktionen werden Funktionen bezeichnet, welche über den gesamten Wertebereich aus einer einzigen Funktion bestehen. Nicht-parametrische dagegen sind Funktionen, welche aus einer Summe von Funktionen bestehen [26]. Jeder Teil der Summe ist eine Funktion mit eigenen

Parametern und ist lediglich in einem bestimmten Wertebereich bzw. einem Intervall gültig.

Eine nicht-parametrische Funktion dieser Arbeit, wird durch eine Kernel-Verteilung definiert [5, 45]. Eine Kernel-Verteilung kann verwendet werden, wenn eine Verteilung keiner eindeutigen Funktion folgt. Hierbei wird die Verteilung mit Hilfe einer Kernel-Funktion I definiert [45]. Im Rahmen dieser Arbeit wird die Normalverteilung (Gl. 2.5) für I verwendet. In der Literatur exitieren allerdings weitere Ansätze. So geben Hill et. al. einen Überblick über verschiedene weitere Funktionen [45]. Die Formel für N Datenpunkte einer Punktmenge A lautet wie folgt [5]:

$$f(x) = \frac{1}{N * h} \sum_{i=1}^{N} I\left(\frac{x - A_i}{h}\right) \qquad \text{Gl. 2.4}$$

Außerdem ist zu erwähnen, dass I lediglich im Intervall $[A_i\text{–h},A_i\text{+h}]$ gilt. Somit ist A_i die Mitte des Intervalls. Wie aus Gl. 2.5 hervorgeht, bestimmt die Größe von h, wie stark sich I von A unterscheidet. Somit lässt sich der Einfluss von Messrauschen über h einstellen, was zu einer Glättung der Daten führt.

Das Data Fitting wird in dieser Arbeit überwiegend zur Repräsentation von Daten verwendet. Dabei erfolgt zum einen eine Repräsentation von Messdaten, zum anderen des Verlaufs von Verteilungen. Der Vorteil der Repräsentation mittels einer Funktion ist die Verringerung von Messungenauigkeiten. Somit werden die Daten geglättet. Darüber hinaus ist durch das Fitten von Daten eine Beschreibung von Abhängigkeiten zwischen Parametern möglich. Zudem werden die zuvor erwähnten Verteilungen mathematisch abgebildet. Durch diese mathematische Abbildung wird ein Parameter charakterisiert und bietet die Möglichkeit diese Charakteristik wiederzugeben oder mit anderen Verteilungen zu vergleichen. Außerdem ist das Data Fitting ein wichtiger Bestandteil der Regressionsanalyse (Kapitel 2.3.3).

2.3.2 Verteilungen

Das folgende Kapitel beschäftigt sich mit Verteilungen und ihrer Verwendung im Rahmen dieser Arbeit. Die Grundmethode zur Bestimmung von Verteilungen ist das Histogramm. Es zeigt, welcher Wert eines Parameters in welcher Häufigkeit vorkommt. Ein Histogramm ist also die diskrete Version der Wahrscheinlichkeitsfunktion [23].

Bei Erstellung eines Histogramms werden Wertebereiche zusammengefasst. Dies geschieht hier über die bereits erwähnte Bandbreite h. Die Breite von h, wird in den Anwendungen dieser Arbeit auf die Auflösungen der jeweiligen Parameter gesetzt. Dies verringert den Einfluss von verrauschten Werten und Messungenauigkeiten [48]. Das Histogramm gehört zudem zur Kategorie der nicht-parametrischen Dichteschätzer [116]. Daher wird es auch als Probability-Distribution-Funktion (PDF) bezeichnet, wenn die Werte normiert sind. Ein Histogramm zeigt allerdings lediglich eine diskrete Verteilung eines Parameters. Daher ist eine Darstellung mittels Funktionen ebenfalls möglich. Im Rahmen dieser Arbeit werden diese mit dem zuvor genannten Data Fitting aus den Histogrammen gebildet. Der nachfolgende Abschnitt stellt verschiedene Funktionen zum Fitten vor.

Die häufigste Verteilung von realen Werten ist die Gaußverteilung, welche auch Normalverteilung genannt wird. Diese wird mit Hilfe des Mittelwertes μ und der Standardabweichung σ gebildet. Die Formel für die allgemeine Normalverteilung lautet wie folgt [111]:

$$f(x) = \frac{1}{\sqrt{2\pi\sigma}} e^{\frac{-(x-\mu)^2}{\sqrt{2\pi\sigma}}} \qquad \text{Gl. 2.5}$$

Darauf aufbauend werden Histogramme mit mehreren Normalverteilungen dargestellt. Für die einzelnen Mittelwerte μ_i und Standardabweichungen σ_i lautet die Formel [111]:

$$f(x) = \sum_{i=1}^{n} \frac{1}{\sqrt{2\pi\sigma_i}} e^{\frac{-(x-\mu_i)^2}{\sqrt{2\pi\sigma_i}}} \qquad \text{Gl. 2.6}$$

Außerdem existieren weitere Verteilungen, welche der Normalverteilung ähneln. Eine davon, welche in dieser Arbeit verwendet wird ist die Weibull-Verteilung [57, 117]:

$$f_{Wei}(x,p,q) = \begin{cases} \frac{q}{p}\left(\frac{x}{p}\right)^{q-1} e^{-\left(\frac{x}{p}\right)^q} & ,x \geq 0, \\ 0 & ,x < 0 \end{cases} \qquad \text{Gl. 2.7}$$

Die Weibull-Verteilung wurde nach Waloddi Weibull [117, 118] benannt. Sie beschreibt eine Familie von Verteilungen, welche über die zwei Parameter p und q beschrieben werden. Je nach Wahl dieser Parameter ähnelt sie einer Normal- oder einer Exponentialverteilung. Für diese Arbeit ist lediglich die Betrachtung von Normalverteilungen interessant, da sie schiefe Verteilungen abbilden kann. Schiefe Verteilungen zeichnen sich dadurch aus, dass sich deren Median und Mittelwert unterscheiden. Bei Anwendung der Weibull-Verteilung ist darauf zu achten, dass sie lediglich für Werte $x \geq 0$ definiert ist.

Eine weitere Verteilung ist die Logistik Verteilung [52]:

$$f_{logistic}(x,\mu,\sigma) = \frac{e^{-\frac{x-\mu}{\sigma}}}{\sigma\left(1+e^{-\frac{x-\mu}{\sigma}}\right)^2} \qquad \text{Gl. 2.8}$$

Zusätzlich zu den zuvor genannten Verteilungen wird die Exponentialverteilung verwendet [16]:

$$f_{Exp}(x,\mu) = \frac{1}{\mu}e^{\frac{-x}{\mu}} \qquad \text{Gl. 2.9}$$

Ein Anwendungsbereich der Verteilungen in dieser Arbeit ist die Charakterisierung eines Radarparameters. Dadurch lässt sich die Häufigkeit eines Parameters beschreiben. Außerdem ist dadurch ein Vergleich eines Parameters aus verschiedenen Datensätzen möglich (siehe Kapitel 4.4).

2.3.3 Regressionsanalyse

Die Regressionsanalyse versucht, eine mathematische Funktion zum Beschreiben der Abhängigkeit mehrerer Parameter zu finden [109]. Da in der Realität Messungenauigkeiten und Fertigungstoleranzen existieren, wird keine mathematische Funktion zur vollständigen Beschreibung existieren. Daher finden bei der Regressionsanalyse die Methoden des Data-Fitting Anwendung. In der Literatur werden die Parameter auch als abhängige und unabhängige Variablen bezeichnet [98, 109]. Im Folgenden wird das Vorgehen für zwei Parameter A und B vorgestellt.

Als Beispiel wird das Linear-Regression-Model (LRM) verwendet. Wie der Name bereits impliziert, verwendet das LRM eine lineare Funktion für die Regression.

Die Gleichung zur linearen Regression zweier Variablen A und B lautet wie folgt [35, 42]:

$$B_i = \alpha + \beta_i \cdot A_i + \epsilon_i \qquad \text{Gl. 2.10}$$

Dabei ist B_i die abhängige und A_i die i-te unabhängige Variable aus A und B. Die Koeffizienten α und β bilden zusätzlich die Gewichtungen der Variablen, wobei α dem Wert des Schnittpunkts mit der y-Achse entspricht und β der Steigung der Geraden. Die Gewichtungen verwendet das LRM zum Optimieren der mathematischen Funktion [42]. Zum Optimieren, wird in jedem Optimierungsschritt der Unterschied zwischen der Funktion und dem Datensatz ermittelt. Der Unterschied wird mit ϵ_i angegeben und wird auch als Fehler bezeichnet. In der Literatur wird damit auch die Performance des Modells angegeben. Das Ziel des Optimierungsprozesses ist die Minimierung dieses Fehlers. Um den Fehler der gefitteten Funktion zu ermitteln, existieren in der Literatur verschiedene Ansätze, unter anderen der Mean-Squared-Error (MSE) und der Root-Mean-Squared-Error (RMSE). Dabei ist der MSE der am häufigsten angewandte Ansatz. Daher wird dieser in dieser Arbeit verwendet.

Der MSE ermittelt zuerst den quadrierten Unterschied für n Punkte von A_i und $f(B_i)$, wobei i den Index des jeweiligen Punkts angibt. Für alle Punkte $i = 1,2,3,...,n$ werden die Unterschiede aufsummiert und durch die Gesamtanzahl n dividiert. Somit lautet die Gleichung für den MSE [42]:

$$MSE = \frac{1}{n} \sum_{i=1}^{n} (A_i - f(B_i))^2 \qquad \text{Gl. 2.11}$$

Dies besitzt den Vorteil, dass der Abstand der Punkte zur Funktion unabhängig von der Lage der Punkte angegeben wird. Die optimale Funktion ist dann die Funktion, welche den kleinsten MSE liefert.

Um eine vorzeichenlose Darstellung zu erhalten wird der RMSE verwendet. Äquivalent zum MSE lautet die Gleichung für den RMSE:

$$RMSE = \sqrt{MSE} \qquad \text{Gl. 2.12}$$

Eine weitere Metrik zur Bewertung der Regression ist der R^2-Wert. Dieser wird in der Literatur auch als Bestimmungsmaß oder Determinationskoeffizient [77] bezeichnet. Der R^2-Wert wird zum einen mit der Residuenquadratsumme SQ_{res} und zum anderen mit der totalen Quadratsumme SQ_{tot} berechnet.

Die Gleichung dazu lautet [1]:

$$R^2 = 1 - \frac{SQ_{res}}{SQ_{tot}} \quad \text{Gl. 2.13}$$

Dabei gilt $0 \leq R^2 \leq 1$. Außerdem wird SQ_{res} und SQ_{tot} wie folgt berechnet:

$$SQ_{res} = \sum_{i=1}^{n}(A_i - B_i)^2 \quad \text{Gl. 2.14}$$

$$SQ_{tot} = \sum_{i=1}^{n}(A_i - A_\mu)^2 \quad \text{Gl. 2.15}$$

Der Mittelwert der Werte von A wird als A_μ angegeben.

Sobald ein Datensatz einen lineare Abhängigkeit besitzt und ein LRM existiert, welches den Datensatz perfekt beschreibt, gilt: $R^2 = 1$. Da es in realen Daten durch Messungenauigkeiten und Toleranzen keinen perfekten Datensatz gibt wird dies hier angenähert. Je genauer ein Modell den Datensatz repräsentiert, desto mehr strebt $R^2 \rightarrow 1$.

Wie Gl. 2.10 zeigt, ist die zuvor genannte Methode für mehrdimensionale Datensätze anwendbar. Daher wird das LRM auch für Regressionen in mehrdimensionalen Radarpunktwolken verwendet.

2.3.4 Vergleich von Verteilungen und mathematischen Funktionen

Der Vergleich von Verteilungen basiert auf der Verwendung von Histogrammen. In dieser Arbeit kommt vor allem die Wasserstein Distanz (WD) zum Einsatz. Diese nach Leonid Vaseršteĭn benannte Metrik, beschreibt den Aufwand um eine Verteilung in eine andere zu transformieren [37, 84]. In der Literatur wird diese Transformation häufig mit einer Bewegung eines Erdhaufens, daher wird diese auch als Earth-Mover Distance bezeichnet. Zunächst sei erwähnt, dass die WD über mehrere Dimensionen N von Verteilungen möglich ist. Die Formel für WD lautet wie folgt [84]:

$$WD_N(A_x,B_y) = \left(inf \int ||x-y||^N d\delta(A,B)\right)^{1/N} \quad \text{Gl. 2.16}$$

Hierbei sind A und B jeweils zwei Verteilungen mit den jeweiligen Werten x und y. Der Zusammenschluss von A und B wird mit δ beschrieben.

Im Gegensatz zu Verteilungen, welche diskrete Daten beinhalten, ist der Vergleich zwischen Funktionen ein Vergleich zwischen kontinuierlichen Zusammenhängen. Ein möglicher Vergleich zweier Funktionen ist der Vergleich ihrer Parameter. Allerdings ist dies lediglich dann möglich, wenn diese dieselben Parameter besitzen. Eine weitere Möglichkeit zum Vergleich zweier Funktionen ist die Untersuchung der Fläche, welche sich zwischen den Funktionen befindet. Eine Metrik dazu ist die Flächenvalidations Metrik d_{AVM} [29]. Im Englischen wird diese auch Area Validation Metrik (AVM) genannt. Die AVM berechnet die Fläche zwischen zwei Funktionen. Dabei wird das Integral über die Differenz der Funktionen gebildet [28, 29]:

$$AVM(f,h) = \int_{-\infty}^{\infty} |f(x) - h(x)| dx \qquad \text{Gl. 2.17}$$

Diese Methode kann zusätzlich zum Vergleich zweier Verteilungen verwendet werden. Dies wird häufig zum Vergleich von Simulationsmodellen mit realen Messungen angewendet [28, 29]. Elster et. al. vergleichen mit dieser Methode zum Beispiel, die Ergebnisse einer Radarsimulation mit einer realen Messung [24].

2.3.5 Vergleich von Radardaten

In diesem Abschnitt erfolgt eine Vorstellung verschiedener Methoden aus der Literatur zum Vergleich von Radardaten. Hierbei wird zwischen den einzelnen Arten der Radardaten unterschieden (siehe Kapitel 2.2). Zusätzlich gibt dieses Kapitel Hinweise, welche Aspekte hinsichtlich dieser Arbeit wichtig sind.

Wie in Kapitel 2.2 beschrieben ist eine Extraktion verschiedener Radardaten aus der Signalverarbeitung eines Radarsensors möglich. Die Daten, die zu Beginn der Signalverarbeitung anfallen, sind ADC-Daten. Aufgrund der Matrizenform von ADC-Daten ist ein Vergleich mittels Methoden aus der Bildverarbeitung möglich. Allerdings ist hier wichtig zu beachten, dass ADC-Daten einen imaginären und einen realen Anteil besitzen. Dadurch ist eine Befüllung der Matrizen mit unterschiedlichen Vorgehensweisen möglich [59]. Eine Möglichkeit ist die Bildung von zwei Matrizen für jeden Frame aus jeweils den realen und den imaginären Werten. Eine andere Möglichkeit ist eine Addition der Werte für eine Matrix.

Wie bereits erwähnt, folgen aus den ADC-Daten RD-Diagramme. Da diese ebenfalls in Matrizenform vorliegen, werden diese als Bilder interpretiert. Bei einem Vergleich zweier RDs ist zu prüfen, ob die RDs verschiedener Antennen zusammengelegt wurden oder nicht.

Die letzte Art der Daten bilden Punktwolken. Diese sind aufgrund ihrer Struktur am ehesten direkt interpretierbar. Der Vergleich verschiedener Punktwolken erfolgt mittels verschiedene Distanzmetriken. Dabei wird der Unterschied zweier Punktwolken über die Distanz zwischen den Punkten ermittelt. Bei räumlichen 3D-Punktwolken ist dies die tatsächliche Distanz. Bei ND-Punktwolken wie zum Beispiel Radardaten ist dies im N-dimensionalen Raum zu betrachten. Bei allen Distanzmetriken gilt, je ähnlicher sich zwei Punktwolken sind, desto geringer ist die Distanz. Der folgende Abschnitt stellt verschiedene Distanzmetriken vor und diskutiert diese hinsichtlich der Verwendbarkeit von Radarpunktwolken. Es gilt dabei für zwei Punktwolken mit N Dimensionen und unterschiedlicher Anzahl n bzw. m Punkten P:

$$P_1 = \{A_i \in \mathbb{R}^N\}_{i=1}^n \,;\, P_2 = \{A_j \in \mathbb{R}^N\}_{j=1}^m \qquad \text{Gl. 2.18}$$

Die euklidische Distanz ist die primär eingesetzte Distanzmetrik. Sie wird über eine Gerade zwischen zwei Punkten auf einer Ebene gebildet [102]

$$ED(P_1,P_2) = ||P_1 - P_2|| = \sqrt{(P_{1,x} - P_{2,x})^2 + (P_{1,y} - P_{2,y})^2} \qquad \text{Gl. 2.19}$$

Der Nachteil der euklidischen Distanz ist, dass P_1 und P_2 gleich groß sein müssen. Wie bereits erwähnt, sind Radarpunktwolken unterschiedlich groß. Aufgrund dessen werden im nachfolgenden Abschnitt weitere Funktionen vorgestellt, welche diese Einschränkung nicht besitzen.

Aufbauend auf der euklidischen Distanz existiert der Ansatz der Chamfer Distanz (CD). Die CD ist über den mittleren Abstand von P_1 zu P_2 definiert. Die Formel dazu lautet wie folgt [25]:

$$CD(P_1,P_2) = \frac{1}{2*n}\sum_{i=1}^{n}|A_i - NN(A_i,P_2)| + \frac{1}{2*m}\sum_{j=1}^{m}|A_j - NN(A_j,P_1)| \qquad \text{Gl. 2.20}$$

mit $NN(x,P) = argmin_{x' \in P}||x - x'||$ für die Distanz der nächsten Nachbarn. Zusätzlich sei erwähnt, dass die CD ebenfalls im Bereich der KI zur Überprüfung des KI-Modells verwendet wird [127].

Es ist zu erwähnen, dass die Metriken in beide Richtungen funktionieren. Dies bedeutet, dass eine Vertauschung der Reihenfolge zur selben Punktwolke führt.

Ein Vergleich zweier Punktwolken mittels diesen Distanzen ist in der Literatur umstritten, da eine Interpretation der Werte nicht trivial ist. Infolgedessen schlägt diese Arbeit vor, dass zwei Referenzen gewählt werden, zwischen denen eine Interpretation erfolgt. Somit ist eine Aussage möglich, ob ein Frame näher an dem einem oder an einem anderen Frame liegt.

2.4 Künstliche Intelligenz und Machine Learning

Das nachfolgende Kapitel beschäftigt sich mit den Grundlagen zur KI sowie des ML. Dabei stehen Ansätze zur Verwendung von Radardaten im Vordergrund. Wie bereits eingangs in Kapitel 1 erwähnt, sind Ansätze für Radardaten deutlich weniger weit erforscht als für Kamera- oder LIDAR-Sensoren. Allerdings existieren auch hier bereits Ansätze. Diese unterscheiden sich je nach Datentyp und Anwendung. Für ADC- und RD-Daten eignen sich Ansätze der Bildverarbeitung besonders gut, da die Daten in Matrizenform vorliegen. So werden hier Ansätze wie YOLO [63], Variational Autoencoder [108] oder CNN [107] zur Objekterkennung und Klassifikation, aber auch zur Abstandsermittlung [59] verwendet.

Bevor auf die Grundlagen für diese Arbeit eingegangen wird, zählt der nachfolgende Ansatz verschiedene Bereiche aus der KI und ML und der Verwendung von Radardaten auf. Eine primäre Anwendung mittels KI im Bereich der Radardaten ist die Verbesserung der Performance der Signalverarbeitung [36], sie wird aber auch zur Rauschunterdrückung, automatischen Zielerkennung, Zielerfassung, adaptiven Wellenformentwurf, Optimierung von Antennenkonfigurationen, Rekonstruktion fehlender Daten, hochauflösende Schätzung der Ankunftsrichtung oder Erkennung, Verarbeitung und Klassifizierung von Objekten verwendet [36, 60, 61, 124].

Im Gegensatz zu den zuvor genannten Ansätzen sind für den Anwendungsfall (siehe Kapitel 5) vor allem Ansätze aus der Klassifizierung und der Funktionsapproximation relevant. Bereits existierende Ansätze für Radarpunktwolken sind Ansätze wie das PointNet [89], PointNet++ [90] oder das VoxelNet [70], wobei das PointNet++ eine verbesserte Version des PointNets darstellt. Diese Ansätze kommen hauptsächlich zur Klassifizierung und Segmentation zum Einsatz. Im Rahmen dieser Arbeit ist vor allem die Handhabung von Punktwolken interessant. PointNet und PointNet++ verwenden Stützstellen zur Verarbeitung der Punktwolke. Dazu werden aus der Punktwolke unter anderen mittels Maxpooling eine vordefinierte Anzahl an Punkten herausgearbeitet. Allerdings funktioniert dies nur bei dichten Punktwolken zuverlässig [90]. Ein weiterer Ansatz ist das VoxelNet. Das VoxelNet verwendet Grid-Maps und Voxelisation zur Verarbeitung der unstrukturierten Punktwolken. Eine Grid-Map ist die Unterteilung einer Fläche in Teilbereiche. Voxel sind dagegen das Äquivalent in 3D-Koordinaten. Jedem Grid-Bereich kann zusätzlich ein Wert zugewiesen werden. Grid-Maps werden bereits in anderen Arbeiten eingesetzt. So verwendeten zum Beispiel Schumann et. al. [105] Grid-Maps zur Objekterkennung und Lokalisation. Eine genaue Beschreibung für diese Arbeit mit Fokus auf Radardaten findet sich in Kapitel 3.2.

Wie bereits erwähnt, beinhaltet einer der hier verwendeten Ansätze ein NN zur Funktionsapproximation [46, 66, 93]. Funahashi [31], Cybenko [17] sowie Hornik, Stinchcomb und White [46] stellten im Jahr 1989 fest, dass Feedforward-Netze mit einer verdeckten Schicht und der sigmoidalen Aktivierungsfunktion jede stetige Funktion approximieren. Bei einer Funktionsapproximation wird dem Eingang, zum Beispiel einem Bild, ein einzelner Wert zugeordnet. Für den Anwendungsfall aus Kapitel 5 erhält jede Punktwolke einen Wert zur Kollisionswahrscheinlichkeit W. Das NN versucht nun, Punktwolken zu einem W zu schätzen. In der Literatur wird dies auch statistische Funktionsanpassung genannt. Somit ist das Ziel, die beste Konfiguration des NN zu finden, um für jeden möglichen Input einen möglichst guten Näherungswert für W zu erhalten. Der Vorteil ist die Verwendung von unbekannten Input-Vektoren, sofern diese NN Datenpunkten im Trainingsdatensatz ähneln. NN zur Funktionsapproximation werden aus einem Feedforward Netz gebildet. Wie in Abbildung 2.3 zu sehen ist, werden die Daten an das NN als Vektor an das Input-Layer übergeben. Dieser ist mit dem ersten Hidden-Layer verbunden. Dabei besitzt jedes Eingangs-Neuron zu allen Neuronen der darunter liegenden Schicht eine Verbindung. Das NN enthält je nach Konfiguration ein oder mehrere Hidden-Layer. Der letzte Hidden-Layer ist mit einem Ausgangs-Neuron verbunden, welches einen Wert ausgibt. Im Rahmen dieser Arbeit ist dieser Wehrt die Kollisionswahrscheinlichkeit. Hierbei ist zu erwähnen, dass die Ansätze zum Bereich des überwachten Lernens gehören. Somit ist für jeden Frame W bekannt, das mittels einer Labeling-Pipeline in Kapitel 5.3 errechnet wird.

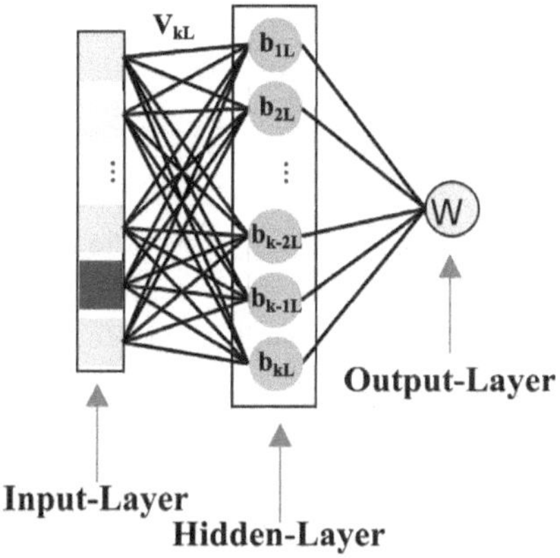

Abbildung 2.3: Struktur eines Feedforward Netzes zur Funktionsapproximation

Sowohl beim Training als auch bei der Anwendung werden die Werte des Eingangs-Layer durch die Layer nach „vorne" Richtung Ausgangs-Layer geschoben. Dadurch nennt man diese Art von NN Feedforward Netze. Die Verbindungen zwischen den Neuronen besitzen dabei eine Gewichtung v. Das nachfolgende Neuron erhält den Multiplikand des vorherigen Neurons mit v und summiert die Werte aller Verbindungen auf. Somit erhält jedes Neuron einer Schicht den Wert $\sum_{L=1}^{n} v_{kL} * \mathrm{u}_{k-1}$, wobei Index das L-te Neuron der vorherigen Schicht, Index das k-te Neuron der aktuellen Schicht und u der Wert des Neurons ist. Zusätzlich besitzt jedes Neuron eine Verzerrung b. Die Verzerrung wird zu der vorherigen Summe hinzuaddiert. Da b für jedes Neuron einzigartig ist, beschreibt es die Charakteristik des Neurons. Um nun u zu berechnen, wird die Summe einer sogenannten Aktivierungsfunktion s übergeben. Die Gleichung zur Berechnung vom aktuellen u_k ist somit [31]:

$$u_k = s\left(\sum_{L=1}^{n} v_{kL} * u_{k-1} + b_k\right) \qquad \text{Gl. 2.21}$$

In der Literatur existieren verschiedene Funktionen für die Aktivierungsfunktion:

- Heaviside-Funktion [110]:

$$s(x) = \begin{cases} 0 & ,x < 0, \\ 1 & ,x \geq 0 \end{cases} \quad \text{Gl. 2.22}$$

  Wie Gl. 2.22 der Heaviside-Funktion zeigt, besitzt die Funktion einen Sprung bei $x < 0$. Für $x \geq 0$ ist die Funktion eins, daher ist hier die Ableitung gleich null. Dies führt dazu, dass diese Funktion nicht für gradientenbasierte Lernfunktionen Verwendung findet.
- Sigmoidfunktion [38]:
  Die Sigmoidfunktion ist eine differenzierbare Funktion mit einem Wendepunkt. Die erste Ableitung ist nicht negativ, daher weist sie einen S-kurvigen Verlauf auf. Die am weitesten verbreitete Sigmoidfunktion ist die logistische:

$$s(x) = \frac{1}{1 + e^{-x}} = \frac{e^x}{1 + e^x} = 1 - s(-x) \quad \text{Gl. 2.23}$$

- Rectifier-Funktion (ReLU-Funktion) [38]:
  Die am häufigsten verwendete Aktivierungsfunktion ist die ReLU-Funktion. Sie ist für Werte $x > 0$ definiert, sodass der Wert x ausgegeben wird. Somit ist ihre Definition wie folgt:

$$s(x) = \begin{cases} 0 & ,x < 0, \\ x & ,x \geq 0 \end{cases} \quad \text{Gl. 2.24}$$

Die zuvor erwähnten v und b werden auch als Parameter eines Netzwerks bezeichnet. Diese Parameter werden im Trainingsprozess so geändert, dass das NN für jeden möglichen Eingangsvektor x den gewünschten Ausgang beziehungsweise einen passenden Näherungswert W ausgibt. Zur Optimierung der Parameter wird in jedem Trainingsschritt die Differenz des vorgegebenen W mit dem ausgegebenen W_i verglichen. Die Differenz muss für alle Daten möglichst gering sein. Für die Abweichung wird häufig eine Funktion verwendet, welche in der Literatur auch als Kosten- oder Verlustfunktion bezeichnet wird. Häufig wird hierbei der Mean-Squared-Error (MSE) verwendet. Für die Optimierung von NN zum Fitten existieren verschiedene Arten von Trainingsfunktionen, die auf der Idee der Backpropagation basieren [7, 96]. Die Backpropagation führt die zuvor erwähnte Differenz rückwärts durch alle Schichten durch. Für diese Arbeit stehen folgende Funktionen im Fokus:

- Levenberg-Marquardt Backpropagation (LMB) [40]: Die LMB basiert auf den von Levenberg und Marquardt [68] vorgestellten Optimierungsalgorithmus. Dieser wurde entwickelt, um nichtlineare Probleme der kleinsten Quadrate zu lösen [34]. Die Anwendung für die Optimierung von NN verwendet eine angepasste Form der Gauss-Newton Gleichung [3] zur Bestimmung des Gradienten für die Backpropagation.
- Scaled Conjugate Gradient Backpropagation (SCGB) [76]: Wie der Name bereits impliziert, verwendet die SCGB eine Skalierung, um die Größenänderung der Gewichte während der Backpropagation einzustellen. Dazu wird unter anderen die Änderung des Fehlers verwendet.
- Bayesian Regularization Backpropagation (BRB) [67]: Die Haupteigenschaft des BRB besteht darin, dass eine geringfügige Ähnlichkeit verwendet wird [119]. Dies bedeutet, dass der Algorithmus Netzwerkgewichte eliminiert, die einen geringen Einfluss auf das Ergebnis besitzen [50]

Ein weiterer Fokus, welcher sich bei der Verwendung von NN ergibt, ist das Testen. Zum Testen eines NN wird in dieser Arbeit ein LRM verwendet, das optimale Verhältnis der gelabelten zu den vorhergesagten Werten eins ergibt. Das LRM wird mit den gelabelten und den vorhergesagten Werten gefüttert. Über die MSE wird dann die Testperformance ermittelt (siehe Kapitel 2.3.3).

Wie in Abbildung 2.3 zu sehen, ist der Input eines NN für Fitting Probleme ein Vektor. Somit ist der Input-Layer genauso groß wie der Vektor. Dabei darf sich, aufgrund der NN Struktur, die Größe des Vektors in der Anwendung nicht ändern. Diese Einschränkung wird in Kapitel 4.1 und Kapitel 3.2 hinsichtlich der Verwendung von Radardaten weiter erläutert, wobei in Kapitel 4.2 eine Lösung zur Vereinheitlichung vorgeschlagen wird. Der Output-Layer ist lediglich ein Wert, daher besitzt er nur ein Neuron.

Eine weitere Herausforderung ist das Overfitting von NN [44, 126]. Sobald ein NN als overfitted gilt, sind die Ergebnisse auf einem bestimmten Trainingsdatensatz besonders gut, während alle anderen Datensätze ein schlechtes Ergebnis liefern. Das Ziel des Trainings ist allerdings, eine NN-Konfiguration zu finden, die auf jeden Input ein ähnlich gutes Ergebnis liefert. Dies ist ein Grund, weshalb ein NN zur Approximation für jeden Frame einen anderen Wert liefern muss. Kapitel 5.5 stellt daher eine Vorgehensweise vor, um im Rahmen dieser Arbeit eine optimale Netzkonfiguration zu finden.

Zusätzlich zur Funktionsapproximation bildet die Klassifizierung eine weitere Anwendung. Die Klassifizierung beschäftigt sich mit dem Zuordnen eines Eingangsvektors zu einem vordefinierten Wert [49]. Die Klassifikation wird im allgemeinen in drei Bereiche eingeteilt [75, 97]: binäre Klassifikation, Multiklassen-Klassifikation und Multilabel-Klassifikation. Wie der Name bereits impliziert, geht es bei der binäre Klassifikation um das Erkennen zweier Klassen. Die multiklassen Klassifikation dagegen erkennt mehrere Klassen. Sobald mehrere Zusände gleichzeitig erkannt werden sollen, wird die multilabel Klassifikation verwendet. Da in dieser Arbeit erkannt werden soll, ob eine Kollision vorliegt oder nicht, bietet sich hier die binäre Klassifikation an. Speziell im Bereich der Klassifizierung von Radardaten existieren bereits Ansätze, wie zum Beispiel K-Nearest-Neighbour (KNN), Support Vector Machines, Decision Trees und Random Forest [36]. In dieser Arbeit werden die Ansätze in Kapitel 5 angewandt und die Ergebnisse miteinander verglichen, genauso wie die die zuvor genannten Trainingsfunktionen.

Metriken für die Evaluaion

Basierend auf dem vorherigen Kapitel stellt der folgende Abschnitt Metriken vor um die zuvor genannten Ansätze zu evaluieren. Zunächst werden die Metriken, zur Klassifikation vorgestellt, danach folgt der Ansatz für die Approximation.

Zur Analyse einer Klassifikation wird meist die Konfusionsmatrix herangezogen. Diese zeigt an, wie viele Datenpunkte richtig oder falsch klassifiziert werden. In der Literatur wird diese daher auch Wahrheitsmatrix genannt. Somit zeigt sie die Qualität eines Modells an. Aus einem Problem, welches aus zwei Klassen (z. B. 0/1) besteht, ergeben sich vier Zustände:

True Positive (TP): Das Originallabel ist eine 1, vorhergesagt wird eine 1
False Positive (FP): Das Originallabel ist eine 0, vorhergesagt wird eine 1
True Negative (TN): Das Originallabel ist eine 0, vorhergesagt wird eine 0
False Negative (FN) Das Originallabel ist eine 1, vorhergesagt wird eine 0

Diese werden im Allgemeinen durch die Anzahl der Datenpunkte angegeben. Daraus lassen sich verschiedene Metriken ableiten.

Die Sensitivität (SEN) beschreibt, wie viele der als positiv klassifizierten Fälle positiv sind:

$$SEN = \frac{TP}{TP + FN} \quad \text{Gl. 2.25}$$

Die Spezifizität (SPE) dagegen gibt an, wie viele der negativen Fälle negativ vorhergesagt werden:

$$SPE = \frac{TN}{TN + FP} \quad \text{Gl. 2.26}$$

Die Häufigkeit der richtig positiv klassifizierten Fällen wird mit der Präzision (PRÄ) angegeben:

$$PR = \frac{TP}{TP + FP} \quad \text{Gl. 2.27}$$

Die Genauigkeit (GEN) umschreibt das Verhältnis der korrekt klassifizierten Fälle zum gesamten Datensatz:

$$GEN = \frac{TP + TN}{TP + TN + FP + FN} \quad \text{Gl. 2.28}$$

Das Gegenteil zu GEN wird mit der Fehlerrate (FER) angegeben:

$$FER = \frac{FP + FN}{TP + TN + FP + FN} \quad \text{Gl. 2.29}$$

Eine erfolgreiche Klassifizierung wird durch möglichst hohe Werte der GEN, die SEN, die PRÄ und die SPE, sowie einem kleinen Wert der Fehlerrate angezeigt.

Zur Analyse der Approximation werden ebenfalls die Werte der originalen Labels, den Vorhersagen gegenübergestellt. Dazu wird die Regressionsanalyse aus Kapitel 2.3.3 verwendet. Wie zuvor beschrieben, werden die Werte linear gefittet. Bei einem NN, welches für jeden Input den korrekten Wert ausgibt, liegen die Punkte im LRM auf einer Geraden mit der Steigung $\beta = 1$ und dem y-Achsenschnittpunkt $\alpha = 0$. Der R^2 Wert liegt dann bei eins. Dieser Fall, wird in dieser Arbeit auch als perfekten Fit oder als Regressionslinie bezeichnet. Somit bilden diese drei Werte eine Metrik zur Güte des NN-Fits.

Ziel des Trainings ist es, sowohl für den Trainingsatensatz als auch für den Testdatensatz so viele Werte wie möglich korrekt vorherzusagen. Somit entsteht sowohl beim Training als auch beim Testen ein perfekter Fit. Allerdings enthält ein realer

Datensatz immer Ausreißer. Diese haben durch die Gl. 2.13 einen starken Einfluss auf das LRM. Daher wird in Kapitel 5.5 eine weitere Metrik ausgearbeitet, welche davon unabhängig ist und die Anzahl der Frames auf dem perfekten Fit mitberücksichtigt.

2.5 Übersicht über verfügbare Datensätze

Dieses Kapitel stellt verschiedene öffentlich verfügbare Datensätze vor und zeigt ihre Besonderheiten und Unterschiede auf. Der Fokus liegt auf Datensätzen aus dem Automobilbereich. Außerdem enthalten die Datensätze gelabelte Radardaten. Dies bedeutet, dass für jeden Frame Informationen über andere Verkehrsteilnehmer vorhanden sind. Zusätzlich kann der Typ des Objekts angegeben werden. Die Bereitstellung der Informationen erfolgt punktweise oder mit Hilfe einer sogenannten Bounding-Box. Falls die Informationen punktweise gegeben ist, besitzt jeder Punkt die Informationen über das Objekt, daher wird dies auch semantische Segmentierung der Punkte genannt. In der Regel ist dabei lediglich der Objekttyp angegeben. Eine Bounding-Box dagegen ist ein Quader, welcher über ein Objekt gespannt wird. Daher enthält sie die Informationen über die Position, Orientierung und die Größe. Hierbei sei erwähnt, dass die hier vorgestellten Datensätze nicht auf Kollisionen spezialisiert sind. Allerdings bilden sie alltägliche Situationen ab und somit den Großteil der Daten eines autonomen Fahrzeugs. Datensätze aus dem Automobilbereich mit Radardaten sind:

RadarScenes [104]: Der RadarScences-Datensatz beinhaltet verschiedene Stadt- und Landstraßenszenarien aus Deutschland. Der Datensatz enthält somit verschiedene Objektklassen, PKWs, zweirädrige Fahrzeuge und Fußgänger. Die Bereitstellung der Informationen erfolgt über eine semantische Segmentierung der Punkte. Somit sind die Ausdehnungen und Orientierungen der Objekte nicht bekannt. Das Messsetup besteht aus vier Sensoren, welche nach vorne montiert sind, zwei mit ±25 ° Abweichung in Fahrtrichtung und zwei in ±60 °. Die wichtigsten Eckdaten des Sensors lauten: D_{max} = 100 m, $\Theta_{max,Ho}$ = 60 °, D_{res} = 0,15 m, v_{res} = 0,1 km/h und $\Theta_{res,Ho}$ = 2 °. Da dieser lediglich einen horizontalen Antennenarray besitzt, liefert der Sensor keine Höheninformation.

View-Of-Delft [82]: Wie der Name bereits impliziert, wurde dieser Datensatz in der niederländischen Stadt Delft aufgenommen. Dadurch enthält der Datensatz Stadtszenarien mit viel Fahrzeug- und Fahrradverkehr sowie Fußgängern. Die Objektinformationen werden hier über Bounding-Boxen bereitgestellt. Außerdem wurde hier ein Radarsensor in Fahrtrichtung montiert. Die Charakteristika lauten: D_{res} = 0,02 m, v_{res} = 0,0036 km/h, $\Theta_{res,Ho}$ = 1,5 ° und $\Theta_{res,Ve}$ = 1,5 °. Dieser Datensatz enthält somit auch Höheninformationen.

nuScenes [8]: Der Aufnahmeort dieses Datensatzes teilt sich in zwei Orte auf: Boston und Singapur. Somit sind die aufgenommenen Szenen Straßensituationen aus einer westlichen und einer asiatischen Stadt. Zudem herrscht in Boston Rechtsverkehr, wohingegen in Singapur Linksverkehr gilt. Bei diesem Datensatz wurden fünf Radarsensoren an verschiedenen Positionen am Fahrzeug verbaut. So sitzt ein Sensor vorne mittig und zeigt direkt in Fahrtrichtung. Die NN Sensoren wurden jeweils zu zweit an den Seiten montiert, wobei diese in 90 ° vom Fahrzeug weg zeigen. Die hier verbauten Sensoren besitzen einen Nahbereich und einen Fernbereich Modus mit jeweils unterschiedlichen Auflösungen und Reichweiten. Die Charakteristika des hier verwendeten Sensors lauten wie folgt: D_{max} = 250 m, $\Theta_{max,Ho}$ = ±60 °, $\Theta_{max,Ve}$ = 20 °, D_{res} = 0,02 m, v_{res} = 0,0036 km/h und $\Theta_{res,Ho}$ = ±0,1 °.

KI-Datatooling: Dieser Datensatz wurde in Aschaffenburg (Deutschland) aufgenommen. Der Datensatz beinhaltet Messungen der Forschungskreuzung an der TU Aschaffenburg. Während der Messungen wurde die Kreuzung aus verschiedenen Richtungen angefahren. Somit umfasst dieser Datensatz eine vielbefahrene Kreuzung in Deutschland. Sie beinhaltet neben dem Verkehr auf der Straße auch kreuzende Fußgänger, Fahrradfahrer oder Rollerfahrer. Die Objektinformationen werden hier ebenfalls in Bounding-Boxen geliefert. Das Messsetup besteht hier ebenfalls aus fünf Sensoren, einem Sensor in Fahrtrichtung, zwei vorne rechts und links in ±50 ° und nach hinten in ±100 °. Die genauen Charakteristika sind nicht bekannt.

Ein zusätzlicher Überblick aus [104] ist im Anhang in Abbildung A.5 dargestellt. Diese zeigt weitere Datensätze aus dem Automobilbereich. Wie zu sehen ist, unterscheiden sich die Datensätze in ihrer Größe, Radartyps, Anzahl der Objektklassen und Annotationen. Damit eine Auswahl getroffen werden kann, wird auf Grundlage dieses Kapitels und den Anforderungen aus Kapitel 4.1 in Kapitel 3 eine Auswahl der für diese Arbeit relevanten Datensätze vorgenommen.

3 Themenhinführung

Basierend auf den Grundlagen des vorherigen Kapitels stellt dieses Kapitel die Vorüberlegungen und Herleitungen für die in Kapitel 4 verwendeten Methoden vor. Dazu wird zuerst die Thematik dieser Arbeit diskutiert. Danach wird in Kapitel 3.1 der Anwendungsfall der Kollisionsvorhersage in das Themengebiet von ML und KI eingeordnet. Das Kapitel führt zusätzlich zur Forschungslücke hin, die sich durch Radardaten zur Kollisionsvorhersage mittels NN und die Betrachtung der Domains-Gaps ergibt. Basierend auf den Grundlagen sowie der Einordnung wird anschließend in Kapitel 3.2 auf die Herausforderungen eingegangen, welche sich bei einer Verwendung von Radarpunktwolken ergeben. Zum Schluss werden in Kapitel 3.3 die verwendeten Domain Gaps herausgearbeitet. Darauf aufbauend, stellt Kapitel 4 eine Konzeption zur Domain Gap Analyse von Radardaten vor. Das folgenden Kapitels schafft daher eine Grundlage, um diese Konzeption mit ihren Methoden möglichst universell einsetzbar zu gestalten.

Wie bereits in Kapitel 1 erwähnt, werden im Automobilbereich bereits Adaptive Cruise Control und Collision Avoidance Systeme zur Erkennung und Vermeidung von Kollisionen eingesetzt [91]. Diese überprüfen mittels eines Sensors, ob Objekte in Fahrtrichtung existieren. Falls sich Objekte in Fahrtrichtung befinden und diese eine geringere Geschwindigkeit aufweisen als das Ego-Fahrzeug, so wird entweder der Fahrer gewarnt oder die Geschwindigkeit automatisch reduziert. Allerdings wird hier lediglich die Fahrtrichtung und das Vorhandensein eines Objektes überprüft. Die Literatur zu Collision Avoidance Systemen beschäftigt sich dagegen hauptsächlich mit der Vermeidung von Kollisionen mittels Trajektorienplanung [54, 64, 91, 121]. Zusätzlich zu dem zuvor genannten System findet sich Literatur zum sogenannten End-to-End Learning. Dieses überspringt die Objekterkennung und Trajektorienplanung und übernimmt direkt die Kontrolle über das Fahrzeug [4, 10, 55, 120]. Diese basieren allerdings hauptsächlich auf Kameradaten. Kameradaten besitzen den Nachteil, dass diese zum einen anfällig gegenüber Wettereinflüssen sind (siehe Kapitel 1) und zum anderen nur Momentaufnahmen ohne Geschwindigkeiten zu liefern. Dies gilt ebenso für LIDAR-Sensoren.

L. Lang, *Domain Gap Analyse von Radardaten aus dem Automobilbereich*,
Wissenschaftliche Reihe Fahrzeugtechnik Universität Stuttgart,
https://doi.org/10.1007/978-3-658-50120-4_3

Aus der Literatur geht außerdem hervor, dass die Verwendung von Daten, welche sich außerhalb des Trainingsdatensatzes befinden, eine Herausforderung für ML- und KI-Anwendungen darstellt [79, 86, 125]. Diese Herausforderungen treten insbesondere bei Ansätzen auf, die NN verwenden. Daher beschäftigen sich viele Arbeiten in der Literatur mit der Schließung der Domain Gaps. Wie die Literatur in [78, 83, 86, 92] zeigt, basieren die bisherigen Domain Gap Analysen zu Punktwolken auf LIDAR-Sensoren. Andere Literatur zu Domain Gap Analysen von Radardaten wie [11, 88] verwendet RD-Daten. Die Literatur beschäftigt sich zudem hauptsächlich mit der Schließung der Domain Gaps, anstatt diese zu analysieren. Daher beschäftigt sich die vorliegende Arbeit unter anderen mit der Definition und Analyse der Domain Gaps von Radardaten. Dadurch bildet sie eine Vorstufe zu Arbeiten, welche versuchen, diese zu schließen. Die hier gezeigten Methoden fokussieren sich auf die Beantwortung der in Kapitel 1 gestellten Forschungsfrage.

Ausgehend von der Motivation aus Kapitel 1 steht in dieser Thesis die Sicherheit von Verkehrsteilnehmern im Straßenverkehr im Vordergrund. Das Ziel dieser Arbeit ist somit die Entwicklung eines Ansatzes, der den Fahrer oder ein automatisches System vor gefährlichen Situationen warnt. Dieses System soll als Unterstützung zur Erkennung und Vermeidung gefährlicher Situationen dienen. Bevor solch eine Situation vermieden werden kann, spielt die Erfassung der aktuellen Verkehrssituation eine wichtige Rolle. Durch das Konzept soll zuerst erkannt werden, ob eine Kollision von Verkehrsteilnehmer durch das Ego-Fahrzeug stattfinden könnte. Danach soll die Gefährlichkeit anhand der Wahrscheinlichkeit der Kollision bestimmt werden. Diese Vorhersage der Kollision bildet für diese Arbeit den Anwendungsfall. Der Anwendungsfall wird in Kapitel 5 konzipiert. Wichtige Aspekte sind hier unter anderem die Bewegungsvorhersage von Verkehrsteilnehmern und die Verwendung von unstrukturierten Punktwolken durch ML- und KI-Ansätze.

Wie bereits erwähnt, ist die Domain Gap Analyse ein weiterer Punkt dieser Arbeit. Bevor allerdings die Domain Gap Analyse betrachtet wird, wird im Folgenden zuerst eine Definition der Domain Gap gegeben. Zunächst geht die vorliegende Arbeit davon aus, dass jeder Datensatz zum Training oder Testen eines NN verwendet werden kann. Somit wird sich, anders als in vielen Literaturquellen, zunächst nicht auf einen bestimmten Datensatz konzentriert. Die Definition in dieser Arbeit orientiert sich dabei an Richter et al. [92].

Diese schreiben folgendes über Domain Gaps:

> „Es ist technisch nicht möglich einen Datensatz zu erzeugen/messen, der die gesamte Umwelt „abbildet“. Daher gibt es immer einen Unterschied. Diesen nennt man „Domain Gap“.“

Im Rahmen dieser Arbeit sind Domain Gaps Unterschiede, welche innerhalb eines oder zwischen zwei Datensätzen existieren. Als Domain werden hier Unterteilungen in einem Datensatz genannt. So ist zum Beispiel der Ort der Aufnahme eine Domain, wohingegen ein Domain Gap ein Unterschied zwischen Aufnahmen aus Boston und Singapur ist. Der Vorteil von Domains zur Unterteilung ist eine Abgrenzung der zu untersuchenden Parameter eines Datensatzes. Somit wird die Komplexität eines Vergleichs vereinfacht.

Wie aus Kapitel 2.5 zu entnehmen ist, beinhalten die Datensätze aus dem Automobilbereich viele verschiedene Daten. Es werden unterschiedliche Sensoren mit jeweils eigenen Charakteristika verwendet. Außerdem ist der Ort der Aufnahme sehr unterschiedlich. Dadurch sind diese Datensätze sehr komplex. Um die Komplexität zu reduzieren, begrenzt sich diese Arbeit auf die für diese Arbeit relevanten Domain Gaps. Zusätzlich zur Festlegung der Domains wird untersucht, ob diese erfassbar sind. Dabei steht deren Beschreibung mit Hilfe von mathematischen Funktionen im Vordergrund. Die Beschreibung mittels Funktionen besitzt den Vorteil, dass diese klar definiert sind und Einflüsse von Ausreißern und Messungenauigkeiten minimieren. Pan et. al. [83] erwähnen zudem, dass für eine erfolgreiche Anwendung die Trainings- und Anwendungsdaten dieselbe Verteilung aufweisen müssen. Daher werden zusätzlich Verteilungen zur Beschreibung und zum Vergleich herangezogen.

Ausgehend von der zuvor gegebenen Definition werden die Domains festgelegt. Dabei wird zwischen den Bedingungen, welche bei einer Messung vorhanden sind und zwischen den Unterschieden in den Sensordaten differenziert. Ein Unterschied in den Bedingungen ist zum Beispiel die Verwendung unterschiedlicher Sensoren oder eine Aufnahme an verschiedenen Orten. Ein Unterschied in den Daten dagegen ist zum Beispiel eine andere Verteilung der Geschwindigkeiten an unterschiedlichen Aufnahmeorten. Eine genaue Ausarbeitung der Domain Gaps findet sich in Kapitel 3.3.

Zur Analyse der Domain Gaps von Radardaten ist zuerst deren Verfügbarkeit zu berücksichtigen. Bei der Auswahl der Datensätze ist das Vorhandensein von gelabelten Radardaten ausschlaggebend. Um die Forschungsfrage zu beantworten sind für diese Arbeit nur Datensätze sinnvoll, die zum einen Radardaten und zum anderen Objektlabels enthalten. Die Übersicht der Datensätze in Kapitel 2.5 zeigt außerdem, dass sich die Position der Sensoren unterscheidet. Daher werden in dieser Arbeit zusätzlich verschiedene Verbaupositionen untersucht. Die Objektlabels werden für die Labeling-Pipeline aus Kapitel 5 benötigt. Diese müssen die Position der Objekte beinhalten. Dabei eignen sich Bounding-Boxen am besten, da diese zusätzlich die Ausdehnung und Orientierung der Objekte beinhalten. Die Orientierung wird für diese Arbeit zur Bewegungsvorhersage benötigt. Außerdem benötigt die Bewegungsvorhersage für ihre Berechnungen die Aufnahmezeit jedes Frames. Falls ein Datensatz allerdings die Geschwindigkeiten der Objekte besitzt, so können stattdessen diese verwendet werden. Allerdings ist eine genaue Bestimmung der Geschwindigkeiten lediglich mit zusätzlicher Messtechnik in jedem Objekt erfassbar. Die Erzeugung einer optimale Datenbank ist somit nur mit viel Aufwand möglich.

Diese Anforderungen treffen im Rahmen dieser Arbeit auf den nuScenes- und den KIDT-Datensatzes zu. Da beide Datensätze die Positionen der Objekte enthalten, werden diese zur Bewegungsvorhersage verwendet. Es ist allerdings zu erwähnen, dass der nuScenes-Datensatz lediglich die vektoriellen Anteile von v_r in den Radarpunktwolken liefert. Daher wird v_r für diese Arbeit zusätzlich berechnet. Die Anteile v_x und v_y für die x- und y-Anteile bilden den Geschwindigkeitsvektor $\overline{v}$ eines Punkts. v_r ist somit die Projektion von $\overline{v}$ auf den Vektor zwischen Radarsensor und Punkt $\overline{PO}$. Die Formel dazu lautet wie folgt:

$$v_r = \frac{\overline{v} \cdot \overline{PO}}{||\overline{v} \cdot \overline{PO}||^2} \overline{PO} \qquad \text{Gl. 3.1}$$

Außerdem liefert der nuScenes-Datensatz keine Höheninformation. Daher werden Teile des Anwendungsfalls dieser Arbeit lediglich auf den KIDT-Datensatz angewendet.

3.1 Einordnung der Thematik

Nachdem der vorherige Abschnitt Vorüberlegungen zu Domain Gaps gegeben und dabei eine Auswahl der Datensätze getroffen hat, ordnet der folgende Abschnitt diese Arbeit in die Themengebiete des ML und der KI ein. Anschließend wird die Forschungslücke dargestellt.

Im Bereich des autonomen Fahrens wird in der Literatur generell zwischen drei Kategorien unterschieden: der Erfassung der Umwelt, der Planung von Bewegungsabläufen und der Kontrolle darüber [85, 95, 101]. Die Erfassung der Umwelt beinhaltet vor allem die Objekterkennung [101]. Die Planung dagegen beschäftigt sich mit der Planung von Trakjetorien und Bewegungsabläufen. Der Themenbereich der Kontrolle verknüpft beide Themenbereiche und fokussiert sich auf die Ausführung.

Erfassung der Umwelt: Eine weit verbreitete Anwendung zur Erfassung der Umwelt ist die Objekterkennung. Diese wird hauptsächlich auf Kamera- und LIDAR-Daten angewandt. Bei der Objekterkennung wird zwischen einer reinen Klassifizierung eines Objektes und der Lokalisation unterschieden. Bei der reinen Klassifizierung ist das Ziel die Bestimmung der Klasse eines kompletten Frames, zum Beispiel, ob ein Bild ein Fahrzeug oder einen Fußgänger darstellt. Eine Anwendung mit einer Lokalisation dagegen versucht zusätzlich die Postion eines Objektes innerhalb des Frames festzustellen. Dazu werden im Allgemeinen sogenannte Bounding-Boxen um ein Objekt herum bestimmt, da diese unter anderen den Ort und die Größe des Objekts beinhalten. Es existieren auch Anwendungen, welche zusätzlich die Orientierung des Objekts bestimmen.

Planung: Pendleton et. al. [85] unterteilen das Planen in drei Bereiche: Routenplanung, Entscheidungsfindung und Bewegungsplanung. Die Routenplanung verwendet Informationen über die Umgebung, um eine Route zum Ziel zu planen. Diese Informationen sind Straßennetzwerke, Straßenschilder oder Spurbreiten. Für eine Routenplanung werden Ansätze zum Durchsuchen von Graphen verwendet. Die Entscheidungsfindung dagegen versucht Entscheidungen aufgrund von definierten Regeln, Sicherheitsaspekten und anderen Verkehrsteilnehmern zu treffen. Basierend darauf versucht die Bewegungsplanung Pfade zu finden, um Kollisionen zu vermeiden. Sie agiert im Gegensatz zur Routenplanung lokal um das Fahrzeug herum und kann sich über die Zeit stark ändern.

Kontrolle: Der Bereich der Kontrolle beinhaltet die ausführende Einheit eines autonomen Fahrzeugs. Auf Basis der Ergebnisse der Umwelterfassung und Planung werden die Aktuatoren angesteuert. Die Kontrolle führt dadurch die Lenkung sowie Brems- und Beschleunigungsmanöver aus.

Der Anwendungsfall dieser Arbeit fokussiert sich auf die Erkennung und Bewertung von Kollisionen. Somit sind die Themen dieser Arbeit im Bereich der Erfassung der Umwelt und der Objekterkennung bzw. Klassifizierung zu verorten. Anderen Arbeiten, welche sich mit der Objekterkennung und Klassifizieren im Automobilbereich beschäftigen, fokussieren sich dabei auf das Erkennen und Lokalisieren mehrerer Objekte innerhalb eines Frames [51, 105]. In dieser Arbeit dagegen gilt es die gesamte Punktwolke zu klassifizieren und jedem Frame einem Wert zuzuweisen. Die Klassifizierung bestimmt hier, ob eine Kollision stattfinden kann oder nicht und ist somit ein Klassifizierungsproblem mit zwei Zuständen. Die Ermittlung der Kollisionswahrscheinlichkeit dagegen gleicht der Bewertung einer Szene auf Basis der Gefährlichkeit.

Nach der Einordnung des Anwendungsfalls in das Themengebiet von KI und ML erfolgt die Einordnung der Arbeit in die Literatur. Zunächst erfolgt eine Einordnung in den Bereich der Kollisionsvorhersage, danach wird auf das Thema der Domain Gaps eingegangen. Die Vermeidung von Kollisionen durch Radardaten wurde bereits 1978 von Düll et. al. [22] diskutiert. Allerdings fokussierten sie sich auf die Kollisionserkennung mittels der Analogsignale. Zusätzlich können auch ADC-Daten zur Objekterkennung und Verfolgung herangezogen werden [27, 51]. Für diese Arbeit sind allerdings sowohl die Analogsignale und ADC-Daten nicht verwendbar, da zum einen die hier verwendeten Datensätze lediglich Punktwolken beinhalten und zum anderen ist der Zugriff auf diese Signale bei kommerziellen Radarsensoren, zum Beispiel von Bosch [94] oder Continental [15], nicht möglich. Andere Arbeiten wie [9] oder [74] beschäftigen sich daher mit der Detektion und Vorhersage anderer Objekte auf Basis der Positions- und Geschwindigkeitsmessungen, allerdings verwenden diese Arbeiten mehrere Frames um die Bewegungen vorherzusagen. Außerdem findet keine Klassifizierung der Objekte statt. Weitere Arbeiten verwenden Sensorfusion [39, 49, 69] zur Detektion von Objekten, wobei der Radarsensor lediglich zur Unterstützung herangezogen wird.

Bevor auf das Thema der Domain Gaps eingegangen wird, stellt der folgende Absatz Grid-Maps aus der Literatur vor. Die zuvor erwähnten Ansätze aus [9] und [74] verwenden ebenfalls Grid-Maps, allerdings werden dort die ungefilterten und dichten Daten der Sensoren verwendet, was im Rahmen dieser Arbeit nicht möglich ist. Somit wird in Kapitel 3.2 eine Methode vorgestellt, um gefilterte Daten wie Punktwolken in Grid-Maps zu überführen. Weitere Literatur zu KI-Ansätzen, die Radardaten in Grid-Maps überführt, ist zum Beispiel [105]. Diese verwenden allerdings zum einen Micro-Doppler Daten und zum anderen RCS zu Erstellung der Grid-Maps. Außerdem akkumulieren sie dazu über mehrere Frames. Der Fokus von [105] liegt außerdem auf der Objekterkennung mittels NN, dynamische Objekte werden herausgerechnet und es erfolgt zusätzlich die Lokalisation der Objekte. Zuletzt sei erwähnt, dass sich die zuvor vorgestellten Literaturquellen auf jeweils einen Sensor mit eigenen Charakteristika fokussieren.

Die Literatur zur Domain Gap Analyse ist im Bereich der LIDAR- und Kamerasensoren weit fortgeschritten. Für Radardaten existiert, nur vereinzelt Literatur, wobei der Bereich des autonomen Fahrens hier wiederum einen geringen Anteil ausmacht. Wie Kapitel 2.1 zeigt, beschäftigen sich viele Arbeiten im Bereich der Domain Gaps direkt mit der Verwendung von ML- oder KI-Anwendungen und der Frage, wie diese mittels Ansätzen wie zum Beispiel Transfer-Learning geschlossen werden können. Allerdings ist die Verwendung von geeigneten Daten essentiell für das Ergebnis dieser Ansätze. Daher sieht diese Arbeit eine Forschungslücke in der Verwendung von Radardaten beim autonomen Fahren und der Analyse der verwendeten Daten. Dabei bildet sie eine Vorstufe in der Verwendung von Themen wie der Objekterkennung oder der Trajektorienplanung. Sie gibt zusätzlich ein Konzept zur Kollisionsvorhersage und Gefahreneinschätzung mittels Radardaten.

Aus der Einleitung des Kapitel 3 und dem aktuellen Kapitel ist zu erkennen, dass eine Forschungslücke existiert, in der die Erkennung und Vorhersage einer Kollision außerhalb der Fahrtrichtung, auf Basis von verschiedenen Radarpunktwolken aus unterschiedlichen Sensoren behandelt wird. Außerdem fehlt ein Konzept, welches sowohl mit einem Fahrer, als auch mit einem selbstfahrenden System einsetzbar ist.

3.2 Herausforderungen mit Radarpunktwolken

Aus der Literatur [80, 100, 105] ist zu entnehmen, dass die Verwendung von Radardaten im ML- und KI-Bereich nicht immer trivial ist. Aufgrund dessen beschäftigt sich dieses Kapitel mit den Herausforderungen, welche sich hierbei ergeben. Die Herausforderungen folgen aus den Radargrundlagen und den Vorüberlegungen des Abschnitts zu Beginn von Kapitel 3. Um eine vielseitige Verwendung der Konzeption aus Kapitel 4 zu ermöglichen, erfolgt zusätzlich zu Punktwolken eine Diskussion der anderen Datenstrukturen wie ADC und RD. Dies ermöglicht eine Unabhängigkeit vom Anwendungsfall. Es folgen Vorschläge, wie diese in weiteren Arbeiten Verwendung finden können. Ein weiteres Themengebiet, welches Herausforderungen mit sich bringt, ist die Verwendung von synthetischen Daten. Eine Möglichkeit zur Generierung synthetischer Daten ist eine Sensorsimulation. Die vorliegende Arbeit verwendet zwar zufällig generierte Daten, die auf den realen Messungen aufbauen, allerdings sind in zukünftigen Arbeiten Simulationen zur Erzeugung von Daten möglich. Um bei diesen Anwendungen eine Verwendung der hier vorgestellten Methoden zu ermöglichen, erfolgt zusätzlich eine Analyse der Herausforderungen, die bei Radarsimulationen auftreten. Dadurch wird ein Tausch von synthetischen Daten vereinfacht. Zuerst erfolgt eine Vorstellung der allgemeinen Herausforderungen, danach wird speziell auf den Anwendungsfall dieser Arbeit eingegangen.

Zunächst ist zu erwähnen, dass Punktwolken in der Regel durch eine Tabelle beschrieben werden. Bevor eine Verarbeitung dieser Daten erfolgen kann, werden die Tabellen in Matrizen überführt. Allerdings unterscheiden sich die Punktwolken eines Radars von Frame zu Frame in ihrer Größe und Struktur. Der Grund hierfür ist die Art der Signalverarbeitung. So enthält zum Beispiel eine Messung, welche viel Rauschen enthält, wegen der CFAR lediglich die Objekte, die am stärksten reflektieren. Außerdem unterscheiden sich die Daten verschiedener Sensoren ebenfalls. Diese Unterschiede treten selbst dann auf, wenn die Sensoren dieselbe Signalverarbeitung besitzen. Grund hierfür ist der Aufbau der Antennenarrays, der direkte Auswirkungen auf die Apertur besitzt. Je nach Apertur besitzt ein Sensor eine bestimmte Auflösung, wodurch die Detektion und Unterscheidung von Objekten begrenzt wird. Der Aufbau der Apertur bestimmt zudem nicht nur die Auflösung, sondern auch die Möglichkeit zur Höhenerkennung von Objekten. Somit müssen die Konzepte und Methoden dieser Arbeit sowohl unterschiedlich große als auch unterschiedlich strukturierte Punktwolken verarbeiten können.

Zusätzlich zu den unstrukturierten Daten ist die unterschiedliche Anzahl an Punkten der Radarpunktwolken eine weitere Herausforderung. Eine Methode um dies zu umgehen ist die Erweiterung oder Reduzierung der Punktwolke auf eine vordefinierte Anzahl an Punkten. Dadurch ist jede Punktwolke gleich groß. Das Hinzufügen von Punkten wird in der Literatur auch Zittern (engl. jittern) genannt [106]. Die einfachste Möglichkeit ist das Duplizieren bereits vorhandener Punkte [106]. Eine weitere Möglichkeit ist das Hinzufügen von zufälligen Punkten. Beim Hinzufügen der Punkte werden die Werte eines Punkts innerhalb eines definierten Wertebereichs verändert und einem neuen Punkt zugeordnet. Diese Methode ist auch bei multidimensionalen Punktwolken wie Radardaten möglich. Dabei werden dieselben Methoden wie in Kapitel 4.2 angewandt. Allerdings ist hier die Herausforderung die Wahl der maximalen Anzahl an Punkten. Die Anzahl der Punkte ist so zu wählen, dass bei Anwendung auf den gesamten Datensatz möglichst wenig doppelte Punkte hinzugefügt und möglichst wenig Punkte entfernt werden. Zusätzlich ist bei einer Veränderung der Punktwolken zu beachten, dass eine Interpretation der Methoden aus Kapitel 2.3.5 zum Vergleich von Punktwolken nicht trivial ist. Eine kleine Änderung der Punktwolke kann hier einen großen Einfluss auf das Ergebnis haben. Zudem werden durch ein wahlloses Hinzufügen von Radarpunkten die jeweiligen Geometrien und Eigenschaften der Objekte nicht berücksichtigt. Dies ist zum Beispiel in der Nähe von Fenstern zu beachten. Die Fenster eines Fahrzeugs besitzen so gut wie keine Radarrückstreuung, weshalb sie keine Punkte enthalten können. Durch ein wahlloses Hinzufügen von Punkten können diese an Positionen entstehen, wo keine Punkte existieren sollten, oder es werden Punkte erzeugt, welche unrealistische Geschwindigkeiten an ihrer Position besitzen. So kann ein Fahrzeug, welches sich tangential zum Radar bewegt, Punkte mit unterschiedlichen v_r besitzen. Punkte, welche sich dabei genau in der Mitte des Hauptkegels befinden, besitzen keine Dopplerverschiebung und somit keine Radialgeschwindigkeit. Andere dagegen können Relativgeschwindigkeiten aufweisen. Folglich werden die Punktwolken in dieser Arbeit nicht aufgefüllt.

Die Literatur beschreibt dagegen verschiedene Vorgehensweisen, um mit uneinheitlichen Punktwolken umzugehen. Ansätze wie das zuvor erwähnte PointNet++ setzen auf die Verwendung von Stützpunkten innerhalb der Punktwolke. Allerdings kann die unterschiedliche Dichte der Punktwolken dazu führen, dass entweder Stützpunkte doppelt vorhanden sind oder nicht belegt werden. Eine weitere Herausforderungen ist, dass Radarpunktwolken im Gegensatz zu LIDAR-Punktwolken nicht dicht sind. Dies erschwert eine Zuordnung der Punkte, etwa zur Objekterkennung oder Segmentierung. Deswegen verwendet diese Arbeit Grid-Maps zur

Strukturierung der Punktwolken. Andere Ansätze wie zum Beispiel PointPillar [58] verwenden ebenfalls Voxel oder Grids, um Punktwolken zu strukturieren.

Zur Vereinfachung werden Voxel und Grids im Folgenden als Grid-Bereiche bezeichnet. Der Vorteil in der Verwendung von Grid-Bereichen ist, dass der Input der Netze immer gleich groß ist und dieselbe Struktur in Form von Matrizen beziehungsweise Vektoren aufweist. Daher ist mit dieser Methode eine Verwendung unterschiedlicher Sensoren möglich. Hier ist zu beachten, dass die gewählte Größe und Anzahl der Grid-Bereiche so zu wählen ist, dass sie dem Sensor mit der maximalen Auflösung und dem maximalen Erfassungsbereich entsprechen. Allerdings können je nach gewählter Konfiguration zu viele Werte einem Grid-Bereiche zugeordnet werden, was zu einem Verlust von Werten und damit von Informationen führt. Andererseits entstehen durch eine zu kleine Größe viele Grid-Bereiche ohne Werte. Für diese Arbeit bestimmt die größte Reichweite der Sensoren die Größe der gesamten Grid-Map, somit werden auch Sensoren mit geringerer Reichweite abgedeckt. Die Größe der Grid-Bereiche wird daher auf einen cm gesetzt. Die zuvor erwähnte geringe Dichte der Punkte besitzt hier ebenfalls Auswirkungen auf die in Kapitel 2.4 erwähnte und in Kapitel 4.2 angewandte Erzeugung von Grid-Bereichen. Eine lichte Punktwolke erzeugt viele Grid-Bereiche, welche keinen Wert beinhalten. Dies hat zur Folge, dass ein NN keine oder nur erschwert Beziehungen in den Daten findet. Dies spielt vor allem bei NN zum Fitten von Daten eine wichtige Rolle. In dieser Arbeit wird das Problem der leeren Grid-Bereiche durch eine Interpolation zwischen den Punkten gelöst. Bei einer Interpolation werden zwischen den Punkten Flächen gefittet. Die Grid-Bereiche an diesen Stellen erhalten dann die Werte der Fläche. Im Gegensatz zu anderen Ansätzen aus der Literatur wie [105] werden mit der Interpolation keine Radardaten aus mehreren Zeitschritten benötigt. Dies besitzt den Vorteil, dass keine Transformation der vorherigen Punktwolken in die aktuelle notwendig ist und sichergestellt ist, dass die Grid-Map ausgefüllt wird.

Die Methode des Zittern dagegen wird in dieser Arbeit zur Erzeugung neuer Frames verwendet. Allerdings werden hier die Auflösungen der Sensoren beachtet. Punktwolken, deren neue Punkte sich innerhalb der Auflösung befinden, besitzen daher den selben Inhalt. Ein Sensor würde diese Punktwolken bei gleicher Szene ebenso erzeugen, ohne neue Frames zu generieren. Also wird jeder Punkt in einer Punktwolke innerhalb der Auflösung des Sensors verändert und einer neuen Punktwolke hinzugefügt. Die neuen Frames unterscheiden sich demnach nur minimal von ihrem Original. Da die neuen Punktwolken unterhalb des Rauschens liegen, entsteht keine neue Domain Gap.

Zusätzlich zu den zuvor genannten ergeben sich aber auch Herausforderungen, welche sich speziell durch den Anwendungsfall ergeben. Die trivialste Herausforderung ist die Verfügbarkeit von Radardaten. Wie Nobis et. al. [80] bereits anmerken, ist die Verfügbarkeit von Radardaten im Gegensatz zu Kamera und LIDAR sehr gering. Überdies weisen diese Punktwolken im Vergleich zu LIDAR Punktwolken weniger Punkte auf. Außerdem existieren Punktwolken, bei denen die Abstände der Punkte sehr hoch sind. Die Herausforderungen die sich dadurch ergeben führen zu einer weniger starken Repräsentation von automobilen Radardaten in der Forschung. Diese Repräsentation ist ebenfalls im Bereich von ML und KI zu erkennen. Allerdings ist die Tendenz in der Literatur steigend [80]. Eine komplexere Herausforderung ist der bereitgestellte Datentyp der Sensoren. So benötigen die analogen Signale aus den Antennen andere ML- und KI-Ansätze als RD-Diagramme, welche aus Matrizen bestehen und Bildern ähneln. Diese Ansätze wiederum unterscheiden sich bei einer Verwendung von Punktwolken. Hinzu kommt, dass je weiter die Daten verarbeitet sind, Informationen über die Umwelt verloren gehen (siehe dazu auch Kapitel 2). Eine weitere Herausforderung ist die Datenmenge, die ein Sensor generiert. ADC-Daten und RD-Diagramme sind aufgrund der Signalverarbeitung im Vergleich zu Punktwolken größer. Daher werden diese von den Radarherstellern in der Regel nicht zur Verfügung gestellt. Darüber hinaus werden diese Daten durch die hohe Abtastrate der ADC im Vergleich zu den Punktwolken schnell produziert. Demzufolge müssen Anwendungen, welche diese Daten verwenden, dementsprechend schnell sein.

Falls zur Erzeugung zusätzlicher Frames eine Simulation zum Einsatz kommt, kommen weitere Herausforderungen hinzu. Zunächst sei erwähnt, dass Radarsensorsimulationen mit sogenannten Rays arbeiten. Diese stellen die elektromagnetischen Wellen als eine Linie dar, welche mit den Objekten der Simulation interagieren. Eine Radarsimulation benötigt zwingend die Information der Materialeigenschaften von Objekten. Dadurch lassen sich Rückstrahl- oder Diffusionseffekte modellieren, welche einen Einfluss auf die Anzahl und Werte der Punkte haben. Außerdem besitzt die Geometrie einen erheblichen Einfluss auf das Simulationsergebnis. Je höher z. B. die Anzahl der Polygone eines Objekte ist, desto genauer ist dessen Oberfläche definiert. Am genausten ist eine Definition der Oberfläche mittels mathematischer Funktionen. Weitere Größen, welche einen starken Einfluss haben, sind die Anzahl der Rays und die Anzahl der Reflexionen nach einem Treffer.

Zusammenfassend lässt sich somit sagen, dass für eine Verwendung von Radardaten im ML und KI Bereich verschiedene Herausforderungen existieren. Diese werden im Rahmen dieser Arbeit vor allem mit Grid-Maps und einer Interpolation zwischen den Punkten gelöst.

3.3 Domains in Radardaten

Dieses Kapitel stellt verschiedene Vorüberlegungen zu Domains und ihren Domain Gaps hinsichtlich Radarsensoren vor. Basierend darauf wird in Kapitel 4.4 eine Auswahl der Domains dieser Arbeit getroffen. Die Methoden zur Analyse der Domain Gaps stellt Kapitel 4 vor.

Aufgrund der verschiedenen Radarsensoren und der komplexen Signalverarbeitung ist ein Vergleich der Daten zwischen unterschiedlichen Sensoren nicht immer trivial. Je nach Sensor unterscheidet sich die Art der Daten sowie deren Struktur. Daher ist der Ansatz dieser Arbeit, mögliche Domains in verschiedene Sub-Domains zu unterteilen. Die zwei Haupt-Domains sind zum einen die Umgebungs-Domain und zum anderen die Sensor-Domain. Domains, die unabhängig vom Sensor sind, werden der Umgebungs-Domain zugeordnet. Hierzu zählen der Ort der Aufnahme, die Eigenschaften der anderen Verkehrsteilnehmer oder das Wetter.

Der Ort der Aufnahme beeinflusst die Positionen der Objekte sowie deren Geschwindigkeiten. So kann sich ein Datensatz von einem Ort mit Rechtsverkehr von einem Ort mit Linksverkehr unterscheiden. Bei einem Datensatz mit Rechtsverkehr wird die Anzahl der entgegenkommenden Objekte auf der rechten Seite größer sein als bei einem Datensatz mit Linksverkehr. Daher wird ein Sensor mit Rechtsverkehr mehr Punkte mit negativer Geschwindigkeit besitzen als ein Datensatz mit Linksverkehr. Eine Unterscheidung durch den Ort der Aufnahme ermöglicht zusätzlich eine Unterscheidung zwischen Umgebungen. So unterscheiden sich die Daten einer Autobahnfahrt von Fahrten in Städten. Die Geschwindigkeiten der Objekte sind auf einer Autobahn meist höher als in einer Stadt. Außerdem unterscheiden sich die Radarpunktwolken in ihrer Struktur, wenn die Messung an unterschiedlichen Orten durchgeführt wird. Die Punktwolken einer Autobahnfahrt besitzen viele Punkte parallel zur Fahrtrichtung, wohingegen Punktwolken aus der Stadt keiner definierten Struktur folgen. Die Eigenschaften anderer Verkehrsteilnehmer sind zudem ebenfalls vom Ort der Aufnahme abhängig. Auf einer Autobahn sind überwiegend Fahrzeuge in gleicher Fahrtrichtung unterwegs, wohingegen in einer Stadt Fußgänger und Fahrradfahrer unterwegs sind. Außerdem ist die Wahrscheinlichkeit, dass in einer Stadt andere Verkehrsteilnehmer die Fahrt des Ego-Fahrzeugs kreuzen deutlich höher, was die Anzahl der möglichen Kollisionen steigert. Zuletzt wird das Wetter als Umgebungs-Domain aufgeführt. Radarsensoren sind zwar robust gegenüber Wetterverhältnissen, allerdings kann das Wetter einen indirekten Einfluss auf die Daten besitzen. Schlechtes Wetter oder eine späte Tageszeit kann dazu führen, dass weniger Fußgänger und Fahrradfahrer unterwegs sind [113]. Somit sind diese bei schlechten Wetterlagen weniger stark in einem Datensatz vertreten. Außerdem entstehen durch nasse Fahrbahnen zusätzliche Reflexionen. Je nach Signalverarbeitung kann dies dazu führen, dass sogenanntes Cluttering entsteht. Unter Cluttering werden Detektionen bezeichnet, welche der Sensor zwar erfasst, die aber unerwünscht sind. Ein hohes Cluttering verringert die Entdeckungswahrscheinlichkeit der eigentlichen Objekte. Dieses Cluttering entsteht hier vor allem an Pfützen und nassen Pflanzen. Generell interagieren magnetische Wellen nicht mit pflanzlicher Materie. Allerdings verändert die Einlagerung von Feuchtigkeit deren Eigenschaften, weshalb diese dann eine Reflexion besitzen und vom Radarsensor zu erkennen sind.

Im Gegensatz zur Umgebungs-Domain wird die Sensor-Domain vom Sensor definiert. Zu den Sub-Domains des Sensors gehören somit: die Verbauposition am Fahrzeug, der Sensortyp und sensorspezifische Charakteristika. Diese Domains werden unabhängig von der Umgebung betrachtet. Der Sensortyp dagegen bestimmt darüber, ob ein Vergleich von Sensordaten möglich ist. Die Unterscheidung des Sensortyps erfolgt im Rahmen dieser Arbeit über die Datenstruktur, die ein Sensor liefert. Aufgrund ihrer Struktur ist ein Vergleich zwischen ADC-Daten und RD oder Punktwolken nicht möglich und vice versa. Somit ist dieser Domain Gap nicht direkt analysierbar. Innerhalb eines Sensortyps ist es allerdings möglich die Domain der Charakteristika zu analysieren. Unter Sensorcharakteristika werden die Eigenschaften des Sensors bezüglich seiner FoV und Detektierbarkeit von Objekten bezeichnet. Diese Domain wird daher von der maximalen Reichweite, dem Winkel und der messbaren Geschwindigkeit sowie den jeweiligen Auflösungen beeinflusst. Diese Domain bestimmt somit, ob und wie genau ein Objekt erkannt werden kann. Ein weiterer Einfluss ergibt sich aus einer Weiterverarbeitung der Radarpunkte im Sensor. So werden zum Beispiel die Punktwolken aus dem nuScenes-Datensatz bereits im Sensor geclustert. Dies bedeutet, dass ein Algorithmus Punkte, die er einem Objekt zuordnet, zusammenlegt. Durch das Zusammenlegen wird die Anzahl der Punkte stark verringert. Die Domain der Verbauposition nimmt allerdings eine besondere Rolle in der Sensor-Domain ein, da zum Beispiel die Art des Verkehrs einen zusätzlichen Einfluss auf die Daten von Sensoren mit unterschiedlicher Verbauposition besitzen. Sensoren auf der rechten Seite werden bei Rechtsverkehr weniger negative Geschwindigkeiten messen als Sensoren auf der linken Seite. Bei Linksverkehr misst ein Radarsensor dagegen mehr positive Geschwindigkeiten.

Je nach Anwendung kann durch eine Simulation ein zusätzlicher Domain Gap entstehen. Dieser existiert zwischen realen und simulierten Daten, wobei bei simulierten Daten die Art der Modellierung zu berücksichtigen ist. Hierbei ist zu beachten, wie stark die verwendete Simulation die Vorgänge der Realität abbildet. Im Folgenden wird dies auch als „Grad des Realismus" bezeichnet. Dieser muss so nah wie möglich an der Realität sein, ohne den Aufwand des Simulierens zu beeinflussen. Für die Domain der Umgebung ist für eine Radarsimulation vor allem das Vorhandensein von Material- und Oberflächeneigenschaften sowie die Genauigkeit und Diversität der 3D-Modelle entscheidend. Im Automobilbereich spielt außerdem die Art des modellierten Verkehrs sowie die Objektplatzierung statischer Objekte eine wichtige Rolle, die den Grad des Realismus beeinflussen. So bestimmen diese den FoV und Auflösungen. Außerdem ist es wichtig, wie genau die Radarsimulation modelliert ist. So beeinflusst der Fokus der Radarsimulation die Modellierung der Signalverarbeitung und somit den Grad des Realismus.

Zusammenfassend lässt sich sagen, dass innerhalb von Datensätzen mit Radardaten eine Definition verschiedener Domains möglich ist. Diese lassen sich in sensorspezifische und sensorunabhängige Domains unterteilen. Zwischen Domains erfolgt dann die Erfassung und Messung der Unterschiede. Zunächst werden ausgehend vom Anwendungsfall in den folgenden Kapiteln die Domain Gaps der Umgebung sowie unterschiedlicher Sensoren untersucht. Zusätzlich erfolgt als Nebenanalyse die Untersuchung der Domain der Verbauposition. Das nachfolgende Kapitel 4 stellt die Konzeption, die Anforderungen sowie die Methoden zur Analyse von Domain Gaps vor.

4 Methoden dieser Arbeit

Nachdem das vorherige Kapitel auf die Thematik der Domain Gaps und ihrer Analyse eingegangen ist, präsentiert das folgende Kapitel Methoden, die in dieser Arbeit verwendet werden. Dazu zeigt Kapitel 4.2 zuerst eine Methode zur Erzeugung neuer Frames ohne eine zusätzliche Simulation. Für die Methoden zur Domain Gap Analyse werden zuerst in Kapitel 4.1 die Anforderungen an die Daten und Methoden gestellt. Diese bilden die Rahmenbedingungen für die anschließende Diskussion in Kapitel 4.5. Danach erfolgt eine Vorgehensweise zur Analye von Domain Gaps von Radardaten in Kapitel 4.3. Kapitel 4.4 stellt dazu die Methoden zur Analyse vor. Die Konzeption in Kapitel 4.3 und die Methoden zur Radardatenanalyse in Kapitel 4.4 werden so ausgelegt, dass eine Domain Gap Analyse zukünftiger Anwendungen möglich ist.

4.1 Definition der Anforderungen

Dieses Kapitel stellt die Anforderungen an den Datensatz und Radardaten für die hier verwendeten Kollisionsvorhersage vor. Dabei werden zusätzlich Lösungsansätze zum Umgang mit diesen Anforderungen gezeigt. Die Basis bilden hier die Grundlagen aus Kapitel 2 und die Herausforderungen aus Kapitel 3.2. Anforderungen, welche sich speziell aus der Kollisionsvorhersage ergeben basieren auf der Konzeption des Anwendungsfalls in Kapitel 5. Bei einer Betrachtung des Datensatzes wird im Folgenden zwischen dem Trainingsdatensatz und der Anwendung unterschieden. Die Anwendung ist hier äquivalent zum Testen.

Wie bereits in Kapitel 3.2 erwähnt, führt eine Änderung der Reihenfolge der Punkte nicht zu einer Änderung der inneren Struktur der Punktwolke. So bildet zum Beispiel die Punktwolke eines Fahrzeug nach einer Änderung der Reihenfolge immer noch dasselbe Fahrzeug ab. Daher werden Punktwolken auch als unstrukturierte Daten bezeichnet. Allerdings beeinflusst dies den Vektor, welcher einem ML-Ansatz oder einem NN übergeben wird. Des Weiteren ist die Anzahl der Punkte nach jeder Messung unterschiedlich, folglich unterscheiden sich die Frames eines Datensatz-

L. Lang, *Domain Gap Analyse von Radardaten aus dem Automobilbereich*,
Wissenschaftliche Reihe Fahrzeugtechnik Universität Stuttgart,
https://doi.org/10.1007/978-3-658-50120-4_4

es. Ein NN verwendet dabei unter anderem die Position der Werte im Vektor als Relationen zum Fitten. Außerdem darf sich die Größe des Inputs beim Trainieren nicht ändern. Somit ist eine direkte Verwendung von Radarpunktwolken nicht möglich. Ein weit verbreiteter Ansatz ist hierbei die Überführung der Punktwolke in Grid-Maps (siehe Kapitel 3.2). Die Aufteilung in Grid-Maps ist, genau wie ein Kamerabild, immer gleich aufgebaut. Außerdem besitzt sie zusätzlich den Vorteil, dass die Grid-Maps immer gleich groß sind. Im nachfolgenden Abschnitt wird die in dieser Arbeit verwendete Überführung einer Punktwolke in eine Grid-Map beschrieben.

Die Überführung ergibt sich aus der in Kapitel 3.2 beschriebenen Herausforderung, dass Radarpunktwolken unstrukturiert und uneinheitlich sind. Daher ist eine weitere Anforderung, die Vereinheitlichung der Daten.

Bei einer Überführung der Radarpunkte in eine Grid-Map ist zunächst zu beachten, dass Radarpunktwolken negative Koordinaten aufweisen können. Eine Matrix besitzt allerdings keine negativen Koordinaten. Daher ist die Punktwolke dementsprechend anzupassen. Die x- und y-Koordinaten werden dazu in den jeweiligen positiven Bereich transformiert. Somit ist gewährleistet, dass die Koordinaten der Punktwolke den Bereichen der Grid-Map entsprechen. Dies geschieht mit der Addition aller Punkte zum Absolutwert der jeweils niedrigsten Koordinate. Danach wird die Größe der Grid-Map mit N Bereichen definiert. Über die Reichweite des Sensors mit x_{max} und y_{max} und einer definierten Auflösung res ergibt sich: $N = x_{max} * y_{max} * res^2$. Für den KIDT-Datensatz folgt somit für eine maximale Reichweite $x_{max} = 250$ m und $y_{max} = 100$ m und eine Auflösung von 1 cm eine Grid-Map mit einer Höhe von 25000 und 1000 Grid-Bereichen in der Breite. Damit ein Vergleich zwischen den Datensätzen möglich ist, setzen sich die Grid-Maps für den nuScenes-Datensatz aus den gleichen Werten zusammen. Durch die Berücksichtigung der Auflösung des Sensors ist gewährleistet, dass innerhalb jedes Grid-Bereichs lediglich ein Punkt liegt

Eine Möglichkeit zur Zuweisung des Wertes eines Grid-Bereichs ist die Verwendung der Relativgeschwindigkeit des Punkts, somit kommt diese in Kapitel 5 zum Einsatz. Da der KIDT-Datensatz zusätzlich die Höheninformation liefert, wird diese hier als weitere Möglichkeit zur Kollisionserkennung untersucht. Ein NN arbeiten am besten mit normierten Werten, daher werden zusätzlich die Werte zwischen null und eins normiert. Ein weiterer Aspekt, welcher bei Radardaten zu beachten ist, ist die zuvor erwähnte geringe Dichte der Punkte. Diese führt bei einer direkten Zuweisung der Punkte zu vielen leeren Grid-Bereichen. Daher werden zuerst die

Werte zwischen den Punkten interpoliert. Dadurch erhalten diese Grid-Bereiche ebenfalls Werte. Grid-Bereiche, welche außerhalb der Punktwolke liegen, erhalten den Wert null.

Das Ergebnis dieser Umwandlung ist in Abbildung 4.1 dargestellt. Zur Veranschaulichung ist die Matrix als Grauwertbild abgebildet, wobei die Höhe der Werte durch die Helligkeit des Bildes definiert ist. Aufgrund der Normierung liegen die Werte der Grid-Bereiche hier ebenfalls zwischen null und eins. Außerdem ist die Punktwolke eingezeichnet. Hierbei ist zu sehen, dass durch die Interpolation die Grid-Bereiche zwischen den Punkten dementsprechend aufgefüllt werden. Außerdem ist in der Grid-Map direkt die Außenhülle der Punktwolke zu erkennen. Diese bildet somit ein weiteres Unterscheidungsmerkmal zwischen den Punktwolken.

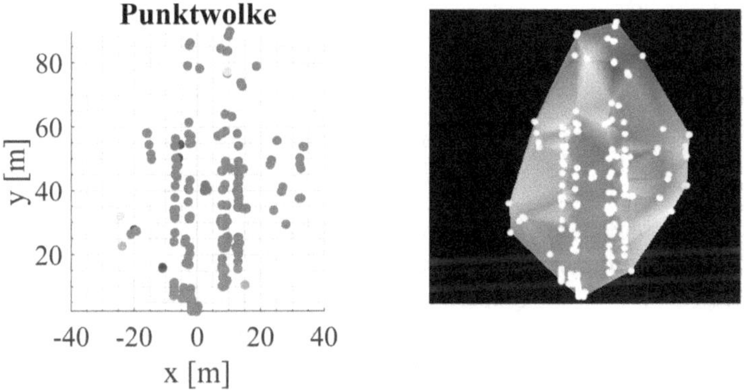

Abbildung 4.1: Umwandlung einer Punktwolke zu einer Grid-Map. links: Radarpunktwolke, rechts Grid-Map mit eingezeichneter Punktwolke

Zum Schluss wird die Grid-Map verkleinert und in einen Vektor transformiert, der anschließend als Eingang des NN- und ML-Ansatzes dient. Die Verkleinerung geschieht über eine Interpolation der Werte. Im Zug dessen verringert sich der Komplexitätsgrad der Daten und das Training wird beschleunigt. Durch die Verringerung wird es einem NN zudem erleichtert, Abhängigkeiten in den Daten zu finden. In dieser Arbeit werden die Grid-Maps in eine 8x8 Matrix überführt. Diese führen zu einem Vektor mit der Länge 64.

Eine weitere Anforderung, welche sich sich aus dem Anwendungsfall ergibt, sind die Positionen der Objekte. Die Labeling-Pipeline benötigt diese um Trajektorien zu berechnen und eine Kollision zu ermitteln (siehe Kapitel 5.2). Falls ein Datensatz die Geschwindigkeiten der Objekte enthält, so sind diese stattdessen zu verwenden. Die Positionierung der Objekte erfolgt in der Regel durch Bounding-Boxen. Diese müssen die Position und die Orientierung des Objektes besitzen. Außerdem muss für die Labeling-Pipeline in Kapitel 5.2 die Geschwindigkeit entweder vorhanden sein oder mittels der Objekt-Position und der Zeitdifferenz dazwischen berechnet werden.

Zusammenfassend lässt sich sagen, dass durch Grid-Maps sowohl die Anforderungen zur Strukturierung der Punktwolken, als auch das Problem der geringen Dichte gelöst werden. Außerdem ist für den hier vorgestellten Anwendungsfall das Vorhandensein von Bounding-Boxen mit Positionen und Orientierungen von Objekten unerlässlich.

4.2 Methode zur Erzeugung neuer Frames

Wie bereits in Kapitel 2.5 beschrieben, sind die in dieser Arbeit verwendeten Datenbanken nicht darauf spezialisiert, Frames mit einer Kollisionswahrscheinlichkeit zu enthalten. Daher besitzen sie vergleichsweise wenig Frames mit möglichen Kollisionen. Um mehr Frames zu erhalten, beschäftigt sich das folgende Kapitel mit der Erstellung zusätzlicher Daten. Die in diesem Kapitel gezeigte Methode wird in Kapitel 5 zur Erweiterung des Datensatzes benötigt. Die Methoden dazu basieren auf den Grundlagen zu Radarsensoren und den in vorherigen Kapitel 4.1 definierten Anforderungen. Im Folgenden werden verschiedene Vorgehensweisen und ihre Herausforderungen diskutiert und schließlich eine ausgewählt.

Eine Möglichkeit zusätzliche Daten zu generieren ist eine erneute Messung. Der Nachteil von zusätzlichen Messungen ist der Zeit- und Kostenaufwand. Des Weiteren ist nicht gewährleistet, dass entsprechend gleiche Szenarien aufgezeichnet werden. Außerdem entstehen durch veränderte Messaufbauten oder der Verwendung anderer Sensoren weitere Domain Gaps. Eine weitere Vorgehensweise zur Erzeugung neuer Daten ist die Sensorsimulation. Eine Sensorsimulation benötigt allerdings Modelle, die die jeweiligen physikalischen Vorgänge abbilden. Je genauer die Modelle diese Vorgänge abbilden, desto genauer sind die Simulationsdaten.

Vor allem eine Radarsimulation benötigt genaue Modelle, die die Vorgänge der Signalverarbeitung modellieren. Außerdem spielt bei einer Radarsimulation sowohl das Aussenden von elektromagnetischen Wellen als auch die Interaktionen der Wellen mit der Umgebung eine wichtige Rolle. Für eine Interaktion mit der Simulationsumgebung muss diese ebenfalls modelliert werden. Hierbei ergeben sich weitere Herausforderungen. So beeinflusst nicht nur die Geometrie der Objekte die Reflektionen, sondern auch die Materialeigenschaften. Zusätzlich ist die Platzierung von Objekten zu beachten. Diese Abhängigkeiten führen zu weiteren Domain Gaps, die nur mit einer breiten Variation an Simulationsmodellen und Umgebungen analysierbar sind. Zusätzlich zu den zuvor genannten Methoden ist aber auch eine Generierung von Punktwolken auf Basis bestehender Messungen möglich. Dies minimiert den Einfluss der Domain Gaps bei einer Erzeugung neuer Daten und reduziert den Zeit- und Kostenaufwand.

Die Basis der hier gezeigten Methode bildet das in Kapitel 3.2 erwähnte Zittern. Beim Zittern erfolgt ein Hinzufügen zufälliger Punkte zu einer Punktwolke. Zur Erzeugung neuer Frames werden die Punkte allerdings nicht hinzugefügt, sondern es wird eine neue Punktwolke aus diesen generiert. Um das Problem von unrealistischen Punkten zu umgehen, werden die Punkte innerhalb der Auflösung des Sensors definiert. Dadurch beschränken sich die neuen Punktwolken auf den Erfassungsbereich des Sensors. Der Vorteil dabei ist, dass sich der Informationsgehalt der Situation nicht ändert und somit keine neue Domain Gap entsteht.

Für Radarsensoren wird in Datenblättern die räumliche Auflösung meist mit der Reichweiten- und Winkelauflösung R_{res} & Θ_{res} (siehe Tabelle A.1) angegeben. Daher wird zuerst eine zufällige Winkeländerung $\Delta\Theta$ und eine Änderung der Reichweite ΔR berechnet. Diese werden danach in Polarkoordinaten (ΔX & ΔY) transformiert und zu den Originalkoordinaten $P(x_O/y_O)$ addiert:

$$\Delta D = random(-D_{res}/2, + D_{res}/2), \text{mit } random(min, max) \quad \text{Gl. 4.1}$$

$$x_{new} = x_O + \Delta X; y_{new} = y_O + \Delta Y \quad \text{Gl. 4.2}$$

Bei der Erzeugung neuer Frames ist zu beachten, dass ein NN zur Approximation für die Frames unterschiedliche Werte benötigt. Daher erfolgt zusätzlich zur Änderung der Werte der Punktwolke eine Änderung der Kollisionswahrscheinlichkeit des neuen Frames. Eine Änderung der Wahrscheinlichkeit wird auf ΔW= 0,05 % begrenzt und ebenfalls zu dem originalen Wert hinzuaddiert.

Eine beispielhafte Darstellung des originalen und des neuen Frames ist in Abbildung 4.2 gegeben. Dabei ist die jeweilige Matrix, die aus der Punktwolke generiert ist, dargestellt. Hierbei ist zu erwähnen, dass nur der Anteil der Matrix mit Werten gezeigt ist. Die tatsächliche Matrix ist nach oben hin größer, allerdings beinhalten diese Grid-Bereiche keine Werte. Wie in Abbildung 4.1 ist auch in dieser Darstellung der Umriss der Punktwolke zu sehen. Dieser zeigt die charakteristische Form einer sich nach oben verjüngenden Fläche. Der Unterschied ist qualitativ nicht feststellbar. Daher ist zur Veranschaulichung eine Darstellung der Differenz der Matrizen gegeben.

Abbildung 4.2: Grid-Maps einer Punktwolke: links realer Frame, Mitte neuer Frame, rechts Differenz der Matrizen

Für ein NN werden die zuvor gezeigten Matrizen mittels einer Interpolation auf eine Größe von 8x8 verkleinert. Das Ergebnis der Verkleinerung ist in Abbildung 4.3 dargestellt. Hierbei ist zu sehen, dass sich der Bereich der Werte nach unten in Richtung des Sensors verlagert. Außerdem ist die zuvor erwähnte charakteristische Fläche nicht zu sehen. Stattdessen zeigen die Grid-Bereiche eine quadratische Fläche. Da hier ebenfalls der Unterschied nicht ersichtlich ist, ist zusätzlich die Differenz der Matrizen dargestellt. Die höchste Differenz ist hier ebenfalls am unteren Rand erkennbar. Es ist noch zu erwähnen, dass die Frames, welche mit dieser Methode erzeugt werden, in dieser Arbeit als synthetische Daten bezeichnet werden.

Der nachfolgende Abschnitt untersucht die Ähnlichkeit der neu generierten Frames zu ihren Originalen. Hierbei werden die CD- und WD-Metrik verwendet. Ein Vorteil der CD und WD ist, dass diese Metriken nicht nur zum Vergleich von Verteilungen sondern auch zum Vergleich von Punktwolken Verwendung finden.

Zum Vergleich werden zwischen den originalen und den neuen Frames die CD und WD berechnet. Um eine Aussage über die Ähnlichkeit zu ermöglichen, erfolgt zunächst eine Generierung der Punktwolken mit den größten Änderungen der Gl.

Abbildung 4.3: reduzierte Grid-Maps einer Punktwolke: links realer Frame reduziert, Mitte neuer Frame reduziert, rechts Differenz der Matrizen

4.1 und Gl. 4.2. Alle generierten Frames müssen unterhalb der größten Abweichung liegen, um als ähnlich genug zu gelten. Diese Abweichung wird im Folgenden als mCD für CD und für die WD als mWD bezeichnet. Zur weiteren Analyse erfolgt die Anwendung als Beispiel auf dem nuScenes-Datensatz. In Abbildung 4.4 sind die Werte der CD-Analyse zwischen den neuen und originalen Frames dargestellt. Zusätzlich sind die CD-Werte der maximalen Abweichung mCD der Punktwolken eingezeichnet. Die maximale Abweichung beträgt mCD_{max} = 290,28.

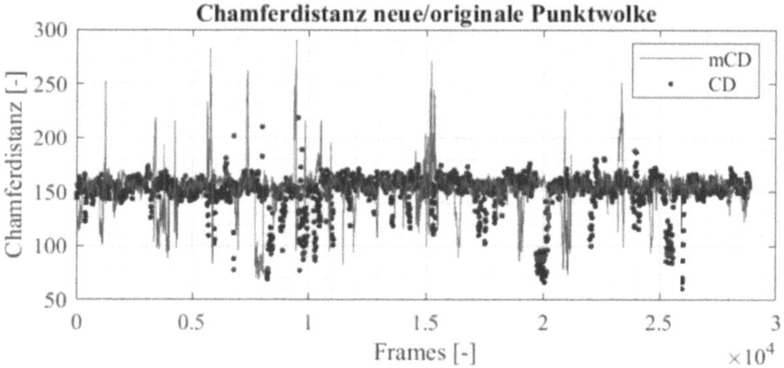

Abbildung 4.4: Chamferdistanz zwischen neuen und originalen Punktwolken

Der Verlauf der CD zeigt, dass die durchschnittliche CD bei CD_{μ} = 148,79 liegt. Außerdem zeigt die Darstellung, dass viele Werte ein Band um den Median CD = 153,81 bilden. Zusätzlich befinden sich Ausschläge ober- und unterhalb dieses Bands. Alle Punktwolken, welche sich unterhalb dieses Bands befinden, sind ähnlicher zu ihren originalen Werten als der Median. Die Ausschläge unterhalb des

Mittelwerts sind dabei dichter als die Ausschläge nach oben. Dies bedeutet, dass hier ähnliche Punktwolken innerhalb des Datensatzes existieren. Der maximale CD liegt bei $CD_{max} = 291{,}52$, wobei der minimale Wert $CD_{min} = 60{,}65$ ist. Somit befinden sich alle Werte unterhalb von mCD und werden somit als ähnlich betrachtet. Des Weiteren lässt sich sagen, dass sich die Punktwolken, welche sich in der Nähe des Medians befinden, untereinander ähneln. Diese Ähnlichkeit nimmt mit zunehmender Abweichung zum Median ab.

Eine genauere Analyse der ähnlichen Punktwolken um den Median ergibt die Untersuchung des Unterschieds aller CD pro originalen Frame innerhalb der jeweiligen neuen. Dazu wird die Differenz der CD aller neuen Frames ermittelt. Die durchschnittliche Differenz beträgt dabei 0,6 , außerdem liegt der Median bei 0,345, wobei die niedrigste Abweichung bei $1{,}079 * 10^{-4}$ und die höchste Abweichung bei 18,79 liegt.

Äquivalent zur CD ist in Abbildung 4.5 sowohl die WD-Analyse als auch das mWD abgebildet. Der Maximalwert der Abweichung liegt hier bei $mWD_{max} = 0{,}3681$. Der Durchschnittswert der WD-Analyse beträgt $WD_{\mu} = 0{,}0586$. Die minimalen und maximalen Werte betragen $WD_{min} = 0{,}0133$ und $WD_{max} = 0{,}364$. Außerdem ist hier ebenfalls ein Band beim Median zu erkennen, welcher bei $WD = 0{,}0553$ liegt. Zusätzlich ergeben die Werte ebenfalls Ausschläge, wobei diese hier mehrheitlich oberhalb des Bandes liegen. Zusätzlich ist zu sehen, dass ein Großteil der mWD-Werte mit $mWD_{\mu} = 0{,}0649$ oberhalb des Durchschnitts der Abweichung zwischen den originalen und neuen Frames liegt.

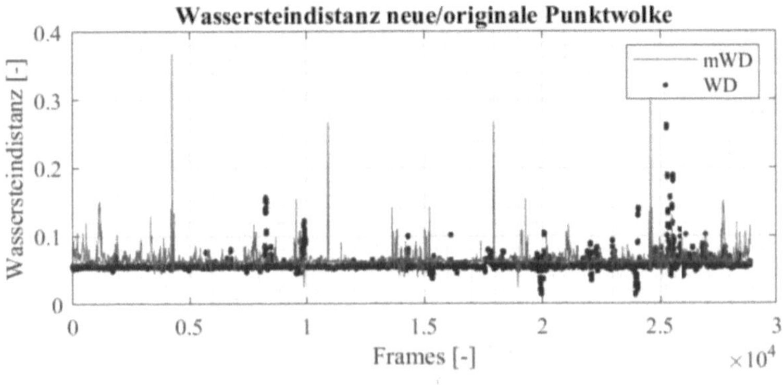

Abbildung 4.5: Wassersteindistanz zwischen neuen und originalen Punktwolken

Da auch hier alle Werte unterhalb von mWD_{max} liegen ist mittels der WD die Ähnlichkeit gegeben. Die Differenzen der WD Werte betragen im Schnitt $3{,}8 * 10^{-4}$, der Minimalwert dagegen $2{,}69 * 10^{-8}$ und der Maximalwert 0,028. Der Median liegt hier bei $1{,}13 * 10^{-4}$. Die Ähnlichkeit zwischen den Punktwolken ist hier durch das Band um den Median ebenfalls ersichtlich.

Allerdings werden die Punktwolken nicht direkt als Eingang für die Kollisionsvorhersage verwendet, sondern die reduzierten Grid-Maps. Daher erfolgt zusätzlich eine Analyse der Ähnlichkeit der Grid-Maps, die sich aus den Punktwolken ergeben. Durch die Möglichkeit, multidimensionale Daten zu vergleichen, ist eine Verwendung von CD und WD zum Vergleich der Grid-Maps ebenfalls durchführbar. Die Ergebnisse dieser Analysen sind im Anhang A.3 und A.2 zu finden. Die Darstellungen der unveränderten Matrizen ergeben, genau wie die zuvor gezeigten Vergleiche eine Anhäufung der Distanzen um den Median von $CD = 0{,}854$ und $WD = 0{,}0023$. Die Werte $WD_{\mu} = 0{,}003$, $WD_{max} = 0{,}0417$ und $WD_{min} = 3{,}15 * 10^{-9}$ sowie $CD_{\mu} = 0{,}854$, $CD_{max} = 5{,}04$ und $CD_{min} = 1{,}76 * 10^{-5}$ zeigen, dass die Distanzen deutlich geringer sind als bei den Punktwolken. Diese Verkleinerung der Werte ist nach der Reduzierung der Matrizen stärker ausgeprägte. Die Werte belaufen sich hier auf: $WD_{\mu} = 0{,}0032$, $WD_{max} = 0{,}042$ und $WD_{min} = 4{,}38 * 10^{-9}$ sowie $CD_{\mu} = 0{,}03$, $CD_{max} = 0{,}257$ und $CD_{min} = 3{,}52 * 10^{-8}$.

Die Ergebnisse zeigen, dass die Methode zur Erzeugung neuer Frames anwendbar ist und sich die neuen Frames ähneln. Außerdem kann die Ähnlichkeit durch die Metriken der CD und WD ermittelt werden. Die Ergebnisse der CD zeigen dabei höhere Distanzen auf als die Ergebnisse der WD. Zudem verkleinern sich die Unterschiede der Distanzen, wenn die Punktwolken in Grid-Maps verarbeitet werden. Dies deutet darauf hin, dass die Ähnlichkeit zunimmt. Die Verkleinerung der Grid-Maps zu Eingangsvektoren für KI- und ML-Anwendungen verstärkt die Ähnlichkeit.

4.3 Konzeption der Herangehensweise zur Domain Gap Analyse von Radardaten

Um die in Kapitel 1 gestellte Forschungsfrage zu beantworten, wird im Folgenden eine Vorgehensweise zur Domain Gap Analyse von Radardaten entwickelt. Das Ziel ist eine hohe Flexibilität an Anwendungen für Radardaten. Daher beinhaltet die Konzeption Bestandteile, die für den Anwendungsfall dieser Arbeit nicht zwingend notwendig sind, aber eine Unterstützung für zukünftige Anwendungen darstellen. Als Grundlage für die Konzeption dienen die herausgearbeiteten Herausforderungen aus Kapitel 3.2 und die zuvor definierten Domain Gaps (Kapitel 3). Im Folgenden werden die einzelnen Bestandteile der Vorgehensweise vorgestellt und diskutiert. Im Anschluss wird in Kapitel 5 das Vorgehen anhand von Beispielen angewendet.

Die allgemeine Vorgehensweise ist in Abbildung 4.6 dargestellt. Hierbei ist zu erwähnen, dass bereits zu Beginn eine Datenbank und ein Anwendungsfall ausgewählt sind. In Schritt eins erfolgt die Analyse der Datenbanken hinsichtlich ihrer Tauglichkeit. Ob ein Datensatz hierbei Verwendung findet, wird maßgeblich vom Anwendungsfall bestimmt. Daher werden die Anforderungen für eine Kollisionserkennung mittels Radardaten als Anwendungsfall in Kapitel 4.1 gestellt.

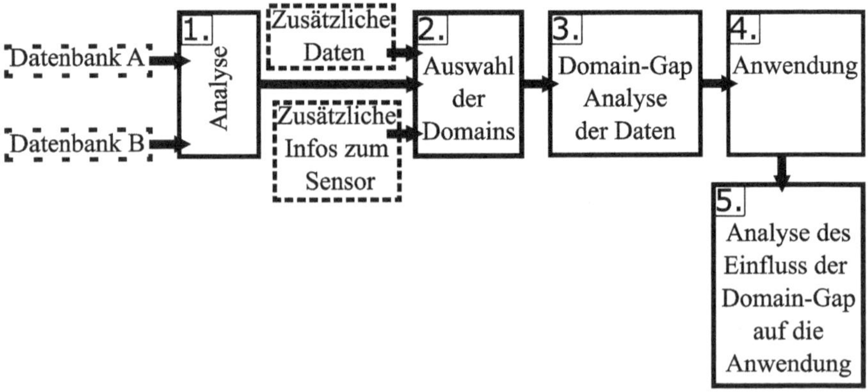

Abbildung 4.6: Überblick über die Vorgehensweise zur Domain Gap Analyse von Radardaten

Ausgehend von den Anforderungen ist eine Auswahl der zu untersuchenden Domain Gaps zu treffen. Die Auswahl der Domains hängt stark vom Anwendungsfall sowie den sich daraus ergebenden Anforderungen und dem benötigten Ingenieurswissen ab. Falls aus der Analyse in Schritt eins hervorgeht, dass die Domain Gap Analyse weitere Daten benötigt, können diese über zusätzliche Quellen bezogen werden. Weitere Informationen sind hier die Straßenführung oder die Information, ob sich der Aufnahmeort in einer Stadt oder außerhalb befindet. Um an diese Informationen zu gelangen, helfen Standards wie OpenDrive oder OpenStreetMaps. Im Rahmen dieser Arbeit unterteilt zum Beispiel der nuScenes-Datensatz seine Daten bereits mittels der OpenStreetMap nach der Domain des Aufnahmeorts somit ist hier keine weitere Quelle notwendig. Außerdem ist eine Bereitstellung zusätzlicher Informationen über die verwendete Sensorik unerlässlich. So bestimmt die Auflösung der Sensoren die Bandbreite der Histogrammerstellung und somit die Genauigkeit der mathematischen Repräsentation.

In Schritt drei erfolgt anschließend die Analyse der Repräsentation. Schritt vier wendet die Daten der Datenbanken auf den Anwendungsfall an. Nach der Durchführung wird in Schritt fünf schließlich der Einfluss der Domains auf das Ergebnis untersucht. Die Vorgehensweise ist so ausgelegt, dass verschiedene automobile Datenbanken oder Anwendungsfälle für zukünftige Arbeiten Verwendung finden. Eine Erläuterung der einzelnen Schritte findet sich in Kapitel 4.4. Zuvor erfolgt die dazu notwendige Definition der Anforderungen in Kapitel 4.1.

4.4 Domain Gap Analyse von Radardaten

Das folgende Kapitel stellt verschiedene Methoden zur Analyse von Radardaten und ihren Domain Gaps vor. Es erfolgt zusätzlich anhand des Anwendungsfalls eine Auswahl der Domains. Somit stellt es den zweiten und dritten Schritt der zuvor gezeigten Vorgehensweise der Abbildung 4.6 dar. Die Analyse aus Schritt eins ist bereits mit der Auswahl des Datensatzes in Kapitel 3 abgeschlossen. Die Analyse der Domain Gaps untersucht zuerst die Radardaten hinsichtlich ihrer Verteilungen und Abhängigkeiten der Datensätze. Danach folgt die Diskussion der Unterschiede der Datensätze. Die Analysen der Unterschiede basieren auf den in den Grundlagen vorgestellten Verteilungen und den Methoden um diese zu vergleichen. Außerdem werden die Ergebnisse verschiedener Methoden gezeigt und ebenfalls hinsichtlich ihrer Verwendbarkeit in Kapitel 4.5 diskutiert.

Basierend auf der Diskussion zu Domain Gaps aus Kapitel 3 werden im Folgenden einzelne Domains ausgewählt. Diese leiten sich aus dem Anwendungsfall ab. Da im Anwendungsfall die Position und Bewegungen der Objekte eine wichtige Rolle spielen, wird vor allem der Ort der Aufnahme als eine Domain behandelt. Dieser leitet sich aus den Datensätzen ab. Wie bereits in Kapitel 3 geschrieben, verwendet diese Arbeit den KIDT- und den nuScenes-Datensatz. Der nuScenes-Datensatz wurde an vier verschiedenen Orten aufgenommen. Zusammen mit dem KIDT-Datensatz wird die Umgebungs-Domain somit durch fünf verschiedene Orte definiert. Im Folgenden werden diese auch als M_i, mit i=1,...,5 bezeichnet. Die in dieser Arbeit verwendeten Datensätze wurden mittels Versuchsfahrzeugen aufgenommen. Dies bietet zusätzlich die Möglichkeit die Domain der Verbauposition zu untersuchen. Die Position an der ein Sensor montiert ist, kann den FoV und somit auch die Erfassung von Objekten einschränken. Die Betrachtung der Verbauposition bildet im Rahmen dieser Arbeit eine Nebenuntersuchung, da für den Anwendungsfall lediglich der Radar in Fahrtrichtung relevant ist. Eine weitere Domain, die sich ergibt, ist die der Sensoren. Diese beschränkt sich auf eine Verwendung zweier Datensätze mit jeweils unterschiedlichen Sensoren.

Zunächst sei erwähnt, dass die hier gezeigten Domain Gap Analysen auf dem Vergleich der in Kapitel 2 gezeigten Verteilungen basieren. Eine Möglichkeit zur Analyse ist der Vergleich einzelner Werte. Allerdings wird dadurch nicht die gesamte Verteilung betrachtet. Eine Möglichkeit ist das Fitten der Verteilungen zu Funktionen. Das Fitten besitzt den Vorteil, dass Funktionen eine diskrete Verteilung in eine kontinuierliche Form übertragen. Dies ermöglicht, zusätzlich zu den gemessenen Werten, eine Beschreibung der gesamten Verteilung. Somit ist zusätzlich eine Aussage über Werte möglich, welche zwar nicht im Datensatz vorhanden sind, allerdings bei längeren Messfahrten möglich sind. Der Nachteil ist, dass durch eine Funktion keine expliziten Aussagen möglich sind. Die Verwendung von einzelnen Merkmalen dagegen erlaubt genaue Aussagen über Unterschiede zwischen den Verteilungen. Allerdings berücksichtigen diese keine Ausreißer. Die nachfolgenden Abschnitte betrachten dazu beide Möglichkeiten und diskutieren die Vor- und Nachteile.

Der Fokus der Analyse der Radardaten ergibt sich aus der Verwendung von Punktwolken. Wie in den Grundlagen beschrieben, misst ein Radarsensor zwar die Reichweite und den Winkel eines Punktes, allerdings wird eine Punktwolke häufig in kartesischen Koordinaten angegeben. Daher erfolgen die Analysen im nachfolgenden Abschnitt für die x- ,y-, z-Koordinaten sowie v_r der Punkte.

Die Analyse der Domains und ihrer Unterschiede erfolgt mit Hilfe von Histogrammen. Die Bandbreite der Histogramme wird auf die jeweiligen Auflösungen gesetzt. Dies führt dazu, dass zum einen keine Informationen verloren gehen und zum anderen der Einfluss von Messfehlern minimiert wird. Wie bereits erwähnt, geben Datenblätter meist die Auflösung der Reichweite und des Winkels an, daher werden die Auflösungen wie folgt definiert:

- x-Koordinate: Die Auflösung der x-Koordinate ergibt sich aus den Auflösungen der Reichweite und des Winkels. Diese sind daher in kartesische Koordinaten zu transformieren. Die höchste Auflösung der verwendeten Datensätze der x-Koordinate beträgt somit 0,4 m. Dies führt zu einer Bandbreite von 0,2 m
- y-Koordinate: Die Berechnung der Auflösung der y-Koordinate ist äquivalent zur x-Achse: 0,2 m
- Die Auflösung der Geschwindigkeit v_r kann direkt aus den Datenblättern gelesen werden: 0,2 km/h

Basierend auf diesen Histogrammen wird im folgenden Abschnitt die Domain Gap Analyse vorgestellt. Wie in Kapitel 3 erläutert, stellen Domain Gaps Unterschiede in den Datensätzen dar. Daher werden hier die Unterschiede der Verteilungen betrachtet. Zunächst erfolgt eine Analyse der Histogramme, anschließend werden deren mathematischen Repräsentationen betrachtet. Zum direkten Vergleich der Histogramme ist zu erwähnen, dass alle Bereiche, die keine Werte aufweisen den Wert null erhalten.

Zuerst wird die Domain Gap der Position des Sensors untersucht. Dabei werden für die zuvor ausgewählten Datenbanken die jeweiligen Parameter pro Seite untersucht. In Abbildung 4.7 ist die Verteilung der Relativgeschwindigkeiten für jede Position des KIDT-Datensatzes dargestellt. Hierbei wird die Geschwindigkeit $\overline{v}$ nicht kompensiert. Somit entspricht sie den unverarbeiteten Daten eines Sensors. Die Abbildung zeigt, dass sich die Verteilungen der einzelnen Seiten stark ähneln. Dies ist ebenfalls in den eingezeichneten Mittelwerten v_μ zu sehen. Eine genaue Betrachtung der Werte ergibt, dass die Durchschnittsgeschwindigkeit v_μ für die nach hinten gerichteten Sensoren (links & rechts) mit $v_{\mu,HL} = 0{,}175$ km/h und $v_{\mu,HR} = 0{,}095$ km/h positiv ist. Für die zur Seite und nach vorne gerichteten Sensoren sind die Werte dagegen negativ: $v_{\mu,VL} = -0{,}37$ km/h und $v_{\mu,VR} = -0{,}527$ km/h. Die unterschiedlichen Vorzeichen sind mit der Relation zwischen der Bewegung der Objekte und des Ego-Fahrzeugs erklärbar. Alle μ Werte befinden sich zudem nahe null. Die Maximalwerte sind bei allen Sensoren $v_{min} = -36{,}33$ km/h und $v_{max} = 36{,}29$ km/h. Dies zeigt, dass sich die Daten der Verbaupositionen stark ähneln und somit keine signifikante Domain Gap ergeben.

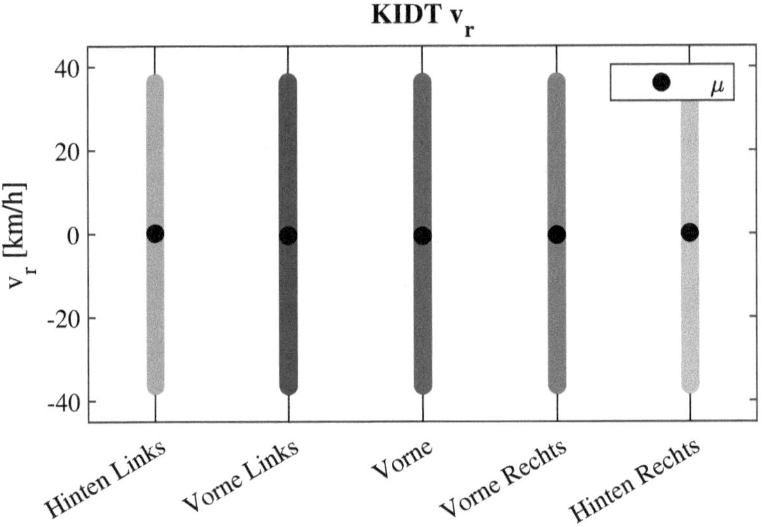

Abbildung 4.7: Vergleich der Verteilung der Relativgeschwindigkeit verschiedener Verbaupositionen des KIDT-Datensatzes

Nach der Verbauposition folgt die Analyse der Sensor-Domain. Hier wird die Analyse zunächst ebenfalls mittels Histogrammen durchgeführt. Es ist zu erwähnen, dass alle Verteilungen, welche sich aus weiteren Domains ergeben, zwangsläufig innerhalb dieser Verteilungen liegen. Lediglich die Werte der Dichte ändern sich.

Bei der Darstellung der Histogramme in Abbildung 4.8 ist der jeweilige Parameter auf der x-Achse aufgetragen und die Häufigkeit als Dichte auf der y-Achse. Es ist zu sehen, dass der KIDT-Datensatz in den x- und y-Koordinaten stärkere Schwankungen der Werte aufweist als der nuScenes-Datensatz. Ein direkter Vergleich der Histogramme der x-Koordinaten ergibt, dass der Unterschied zwischen $x = 0$ m und $x = 129$ m größer ist als oberhalb von 129 m. Oberhalb dieses Wertes liegt der Maximalwert beim nuScenes-Datensatz unterhalb von 0,006 und ist daher nicht sehr häufig vertreten. Der Unterschied zum KIDT-Datensatz ist somit in diesem

Bereich gering. Der größte Unterschied der Datensätze liegt bei $x = 2$ m. Der KIDT-Datensatzes besitzt hier sein Maximum, während der nuScenes-Datensatz noch ansteigt. Da beide Datensätze mit zunehmenden Werten abfallen, nimmt auch der Unterschied dementsprechend ab. Durch die Schwankungen des KIDT-Datensatzes ist hier die Art der Verteilung nicht eindeutig. Sie steigt zunächst bis zum Maximum von $x_{max} = 2{,}2$ m stark an und fällt dann allmählich ab. Beim nuScenes-Datensatz dagegen ist eine schiefe Verteilung zu sehen. Die Verteilung steigt bis $x_{max} = 30$ m kontinuierlich an und fällt danach wieder flacher ab. Die Verteilung der y-Koordinate zeigt ebenfalls ein geringeres Rauschen als beim KIDT-Datensatz.

Der nuScenes-Datensatz besitzt zwei ausgeprägte Maxima bei $y_{max,1} = -6{,}2$ m und $y_{max,2} = 8{,}6$ m. Im KIDT-Datensatz ist lediglich ein Maximum bei $y_{max} = -2{,}8$ m zu erkennen. In den Verteilungen der Geschwindigkeit v_r sind ebenfalls Unterschiede zu erkennen. So ist zu sehen, dass im KIDT-Datensatz die Geschwindigkeit $v_r = 0$ km/h im Gegensatz zu den NN sehr häufig vorkommt. Dies ist damit begründet, dass der Datensatz an einer Kreuzung aufgenommen wurde. Daher steht das Ego-Fahrzeug vergleichsweise oft an einer Ampel. Andere Fahrzeuge, die ebenfalls an dieser Ampel warten, ergeben somit viele Punkte, welche keine Geschwindigkeit aufweisen. Außerdem befinden sich auf jeder Aufnahme Gebäude. Durch die Großflächigkeit von Gebäuden besitzen diese deutlich mehr Radarpunkte als andere Objekte, wie parkende Autos oder statische Objekte wie Schilder oder Zäune. Die Durchschnittsgeschwindigkeit des KIDT-Datensatzes beträgt daher $v_{r\mu} = -0{,}527$ km/h. Im nuScenes-Datensatz dagegen ist sie $v_{r\mu} = -0{,}0031$ km/h. Zusätzlich zeigt der KIDT-Datensatz eine Verlagerung der Werte in den negativen Bereich. Die Verteilung des nuScenes-Datensatz dagegen liegt symmetrisch um $v_r = 0$ km/h.

Eine weitere Analyse erfolgt mittels der WD oder CD. Dazu werden die Verteilungen mit Hilfe der Metriken verglichen. Der Vorteil dieser Metriken zum vorherigen Vergleich ist die Definition der Unterschiede mittels eines Wertes. Das Ergebnis des Vergleichs zwischen dem KIDT- und nuScenes-Datensatz ist in Tabelle 4.1 dargestellt.

In der Tabelle ist zu sehen, dass die CD der y-Koordinate mit 0,348 am größten ist. Die Geschwindigkeit v_r ist dagegen am geringsten. Im Gegensatz zu CD ist die WD der y-Koordinate am kleinsten. Die WD der x-Koordinate und v_r liegen relativ nah beieinander. Somit bestätigen die Metriken die Beschreibung der Verteilungen.

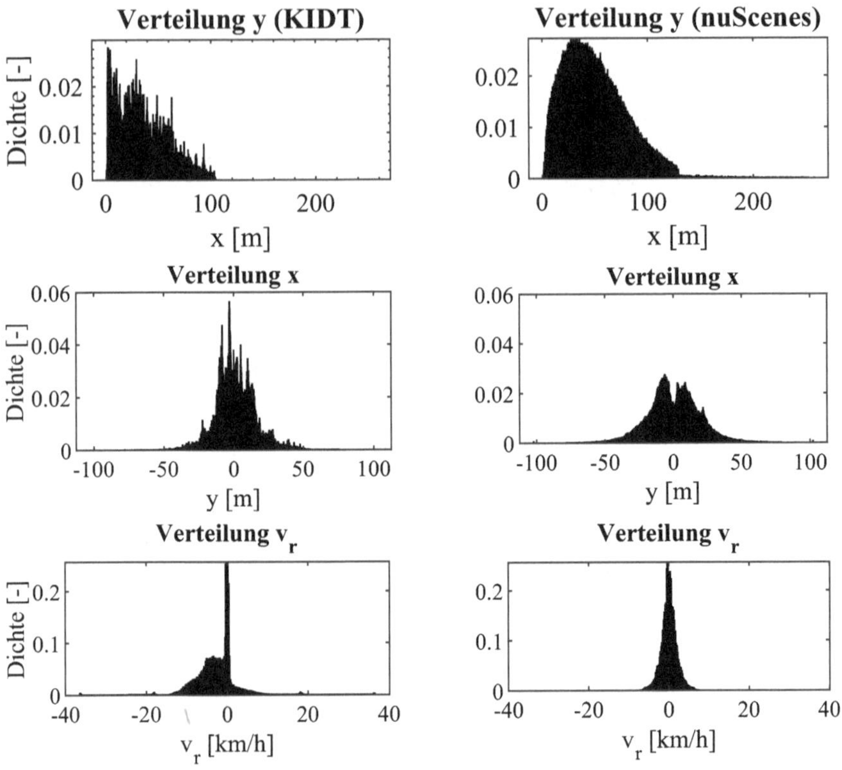

Abbildung 4.8: Histogramme des KIDT- und nuScenes-Datensatzes von verschiedenen Radarparametern: x- y- z-Koordinate und v_r

Tabelle 4.1: Werte der Wasserstein und Chamfer Analyse der Radarparameter zwischen dem KIDT- und dem nuScenes-Datensatz

	x	y	v_r
CD	0,107	0,348	0,076
WD	0,140	0,058	0,113

Eine weitere Domain Gap existiert zwischen den Aufnahmeorten. Hierzu sind in Tabelle 4.2 die Maximal- und Mittelwerte der x-Koordinate der einzelnen Aufnahmeorte des nuScenes-Datensatz dargestellt. Die Maximalwerte befinden sich zwischen 27 m und 36 m, die Mittelwerte dagegen zwischen 48 m und 54 m. Somit lässt sich auch hier grundsätzlich sagen, dass sich die Verteilungen unterscheiden.

Tabelle 4.2: Maximal- und Mittelwerte der x-Koordinate der Aufnahmeorte des nuScenes-Datensatzes

	x_{max} [m]	x_{μ} [m]
M_1	35,4	51,15
M_2	33,4	51,28
M_3	29,2	53,54
M_4	27,2	48,94

Zur genaueren Analyse erfolgt zunächst, äquivalent zur Domain der Sensoren eine Analyse der WD der v_r zwischen den Aufnahmeorten. Das Ergebnis der Analyse ist in Tabelle 4.3 aufgelistet. Es werden jeweils die einzelnen Aufnahmeorte des nuScence-Datensatz $M_{1,\dots,4}$ und des KIDT-Datensatzes M_5 miteinander verglichen. Wie in den Grundlagen erwähnt, funktioniert die WD in beide Richtungen, daher ist nur die obere Hälfte der Tabelle gefüllt. In der Tabelle ist zu sehen, dass die Werte der Orte innerhalb des nuScenes-Datensatzes zwischen 0,05 und 0,23 liegen. Die Werte im Vergleich mit dem KIDT-Datensatz liegen dagegen zwischen 0,01 und 0,17. Innerhalb des nuScenes-Datensatzes zeigt der Vergleich mit M_3 die höchsten Werte über 0,02 und 0,23, wohingegen der Vergleich zwischen M_1, M_2 und M_4 bei allen ca. 0,8 und 0,05 ergibt.

Tabelle 4.3: Werte der Wasserstein Analyse der Relativgeschwindigkeit v_r

	M_2	M_3	M_4	M_5
M_1	0,082	0,172	0,050	0,098
M_2	-	0,135	0,087	0,142
M_3	-	-	0,222	0,168
M_4	-	-	-	0,138

Zusätzlich geht aus der Tabelle hervor, dass die WD-Analyse innerhalb des nuScenes-Datensatzes eine größere Ähnlichkeit zwischen M_1, M_2 und M_4 prognostiziert, als zu M_3. Die Abweichung zwischen dem nuScenes- und KIDT-Datensatz sind dagegen ähnlich groß.

Die Ergebnisse der CD dagegen ist in in Tabelle 4.4 dargestellt. Hierbei sind die Werte des nuScenes-Datensatzes kleiner als 0,008. Die Vergleiche zwischen M_2 und M_3 sowie M_3 und M_4 zeigen jeweils Werte größer als 0,07 an. Die übrigen Werte liegen darunter. Der Vergleich mit dem KIDT-Datensatz ergibt hier, genau wie bei der WD Analyse, die größeren Werte. Der Vergleich mit dem KIDT-Datensatz ergibt dagegen Werte größer als 0,1.

Tabelle 4.4: Werte der Chamfer Analyse der Relativgeschwindigkeit v_r

	M_2	M_3	M_4	M_5
M_1	0,043	0,025	0,042	0,123
M_2	-	0,073	0,012	0,196
M_3	-	-	0,077	0,103
M_4	-	-	-	0,183

Die Ergebnisse der CD zeigen ähnliche Ergebnisse der Ähnlichkeit wie die WD. So ist auch hier innerhalb des nuScenes-Datensatz die Abweichung zwischen M_3 und M_4 mit 0,077 am höchsten. Allerdings gibt die CD mit 0,073 einen größeren Unterschied zwischen M_2 und M_3 an als die WD.

Wie bereits in den Grundlagen beschrieben, zeigen Histogramme allerdings lediglich diskrete Informationen. Somit geben sie eine beschränkte Sicht der Verteilungen. Daher werden die Verteilungen im folgenden Abschnitt gefittet. Durch das Fitten werden die Verteilungen mittels einer mathematischen Funktion angegeben. Wie bereits in Kapitel 3 erwähnt, wird so die gesamte Verteilung beschrieben und der Einfluss von Ausreißern wird minimiert. Allerdings stellt das Finden der besten Funktion eine Herausforderung dar. Wie ebenfalls aus den Grundlagen zu entnehmen ist, eignet sich zur Auswahl der besten Funktion der RMSE zwischen der gefitteten Funktion und dem Histogramm, dieser die Abweichung der beiden anzeigt. Tabelle 4.5 zeigt daher eine Übersicht über den RMSE für verschiedene Funktionen der x-Koordinate. Dabei werden die Ergebnisse beider Datensätze gezeigt. Wie aus Abbildung 4.8 zu entnehmen ist, folgen die Werte der x-Koordinate einer schiefen Verteilung. Daher wird im Folgenden eine Weibullverteilung zum

Fitten verwendet. Als Analyse werden zunächst die Parameter der Funktionen verglichen. Die Parameter a und b der Weibullverteilungen sind ebenfalls in Tabelle 4.5 angegeben. Der nuScenes-Datensatz ist hier zum einen über alle Daten und zum anderen zwischen den einzelnen Aufnahmeorten gefittet. Dies entspricht der Analyse der Umgebungs-Domain.

Tabelle 4.5: Übersicht über den RMSE und den Funktionen der gefitteten Funktionen für die x-Koordinate

Aufnahmeort	RMSE	a	b
$M_{1,...,4}$	0,0031	57,473	1,7959
M_1	0,0032	57,7620	1,8089
M_2	0,0031	57,5650	1,6130
M_3	0,0035	60,4328	1,8413
M_4	0,0032	55,0695	1,6767
M_5	60,288	38,3538	1,4216

Die Tabelle zeigt, dass der RMSE für den nuScenes-Datensatz sehr klein ist. Alle Werte befinden sich unterhalb von 0,004. Außerdem ist zu sehen, dass die Differenz der Parameter für a der einzelnen Aufnahmeorte maximal 5 ist. Der RMSE des KIDT-Datensatz ist mit 60,288 dagegen sehr hoch. Daher wird hier das Fitten mit einer Exponential-Verteilung empfohlen. Hier liegt der Mittelwert μ = 34,9706 m und der RMSE bei 0,1022. Die Ergebnisse der Tabelle zeigen zusätzlich, dass das Finden der richtigen Funktion nicht trivial ist und somit einen direkten Einfluss auf die AVM-Analyse besitzt.

Im Gegensatz zum Vergleich der Funktionsparameter aus dem vorherigen Abschnitt, lassen sich die Funktionen ebenfalls vergleichen. Im Folgenden wird dazu die AVM Analyse verwendet. Tabelle 4.6 zeigt, äquivalent wie zur CD und WD die AVM Analyse vn v_r. Die Analyse zeigt, dass die Werte hier ebenfalls Unterschiede zwischen den Domains aufzeigen. So ist der kleinste Wert mit 0,0997 der Vergleich zwischen M_1 und M_4. Der höchste Wert wiederum ergibt sich aus dem Vergleich zwischen M_1 und M_3 mit 0,204. Jeder Vergleich mit M_5 ergibt Werte größer als 1,2. Dies zeigt, dass mit der AVM, genau wie mit der CD und der WD Abweichungen zwischen den Domains des Aufnahmeorts messbar sind.

Tabelle 4.6: Werte der AVM Analyse: vr

	M_2	M_3	M_4	KDT
M_1	0,1304	0,1902	0,0997	1,3725
M_2	-	0,2048	0,1293	1,3338
M_3	-	-	0,1176	1,2869
M_4	-	-	-	1,3507

Abschließend lässt sich sagen, dass ein Vergleich von einzelnen Werten zwischen zwei Verteilungen zum einen am aufwändigsten ist und zum anderen keine genauen Aussagen zulässt. Die Metriken der CD, WD und AVM dagegen zeigen durch ihre Werte Unterschiede direkt auf, wobei für die AVM die Verteilungen zusätzlich gefittet werden müssen. Die Ergebnisse dieses Kapitels werden im nachfolgenden Kapitel 4.5 hinsichtlich ihrer Verwendbarkeit diskutiert.

4.5 Diskussion der Methoden

Dieses Kapitel diskutiert die Erkenntnisse und Ergebnisse aus den vorherigen Kapiteln. Zunächst werden die Erkenntnisse aus den Anforderungen an die Radardaten aus Kapitel 4.1 betrachtet. Dabei steht die Methode zur Transformation der Radarpunktwolken in Vektoren im Vordergrund. Wie aus den Anforderungen hervorgeht müssen die unstrukturierten Punktwolken für KI- und ML-Anwendungen in eine strukturierte Form gebracht werden. Die hier gezeigte Methode überführt die unstrukturierten Radarpunktwolken in eine strukturierte Grid-Map. Wie Abbildung 4.1 zeigt bildet diese Grid-Map die Punktwolke im Gesamten ab. Außerdem ist die hier gezeigte Methode in der Lage, die Spärlichkeit der Daten zu beheben, indem weitere Werte interpoliert werden. Die Überführung in eine Grid-Map führt außerdem dazu, dass die räumliche Struktur für alle Punktwolken dieselbe ist. Somit ist gewährleistet, dass ein NN in der Lage ist, Bezüge zwischen den Werten des Eingangsvektors herzustellen. Basierend auf dieser Strukturierung zeigt die Methode zur Erzeugung neuer Frames aus Kapitel 4.2, dass keine zusätzliche Simulation für weitere Daten benötigt wird.

Die Analyse mittels der CD- und WD-Metrik zeigen, dass sich die neu erzeugten Punktwolken und die jeweiligen Originale ähneln. Die CD misst dabei allerdings höhere Distanzen als die WD. Dies ist damit begründet, dass die WD mit Gl. 2.16 die minimalen Abstände berücksichtigt. Die CD dagegen verwendet die maximale Distanz (siehe Gl. 2.20). Außerdem ist aus der Formel zur CD ersichtlich, dass diese die innere Struktur der Punktwolken berücksichtigt, daher besitzen hier kleine Änderungen einen großen Einfluss. Die Ergebnisse zeigen außerdem, dass eine Überführung der Punktwolke in Grid-Maps und eine anschließende Verringerung, die Ähnlichkeit der Daten vergrößert. Dies zeigt sich sowohl in einer Verwendung der CD als auch bei WD.

Die darauffolgende Domain Gap Analyse erfolgt zuerst auf der Verbauposition, danach auf den Sensoren und zuletzt auf den Aufnahmeorten. Es ist zu erwähnen, dass ein Vergleich der Verbauposition zwischen unterschiedlichen Datensätzen erschwert ist, da die Messaufbauten unterschiedliche Positionen und Ausrichtungen besitzen (siehe Kapitel 2.5). Daher ist die Analyse der Verbauposition lediglich eine Nebenuntersuchung dieser Arbeit. Die Ergebnisse zeigen, dass zwar Unterschiede in den Domains der Verbauposition zu erkennen sind, allerdings sind diese nicht stark ausgeprägt.

Die Analyse der Sensoren dagegen zeigt deutliche Unterschiede in den Verteilungen der Radarparameter. Ein Vergleich einzelner Punkte der Verteilungen ist zwar möglich, allerdings ist diese sehr aufwendig. Zudem ändern sich die Werte der Verteilungen, sobald dasselbe Versuchsfahrzeug eine weitere Messung durchführt. Des Weiteren hängt die Definition der Bandbreite von den Auflösungen des Sensors ab, daher ändern sich die Werte der Verteilung bei anderen Sensoren, obwohl diese dieselbe Szene messen. Daher ist diese Methode nicht zu empfehlen.

Im Gegensatz zur Analyse einzelner Werte, berücksichtigt die Analyse mit der CD und der WD den Verlauf der gesamten Verteilung. Daher ist der Einfluss von Änderungen einzelner Werte hier weniger stark ausgeprägt. Dies ist vor allem beim Vergleich der Aufnahmeorte ersichtlich. Die WD Werte in Tabelle 4.3 der Umgebungs-Domain unterscheiden sich maximal um 0,17 und die Werte der CD in 4.4 um maximal 1,79. Im Gegensatz dazu unterscheiden sich die einzelnen Punkte der Maximal- und Mittelwerte in Tabelle 4.2 bis zu 8 m. Somit ist die Untersuchung mittels der Metriken genauer als die Betrachtung einzelner Werte.

Um den Einfluss von Ausreißern weiter zu minimieren wird zusätzlich eine AVM-Analyse durchgeführt. Durch das Fitten der Daten wird der Einfluss einzelner abweichender Werte sowie Leerstellen der Verteilung verringert. Das Fitten der Daten bietet zusätzlich die Möglichkeit, den gesamten Verlauf zu beschreiben. Allerdings bedeutet dies einen zusätzlichen Schritt in der Domain Gap Analyse. Zudem besitzt das Finden der besten Funktion, welche eine Verteilung beschreibt, einen starken Einfluss auf die AVM-Analyse.

Die Ergebnisse zeigen, dass in der CD-Analyse die größten Unterschiede zwischen den Datensätzen liegen. Diese sind in den anderen beiden Analysen weniger stark ausgeprägt. Die Unterschiede innerhalb eines Datensatzes sind dagegen bei der WD am stärksten ausgeprägt. Allerdings ergeben alle Vergleiche zwischen den Datensätzen ähnliche Ergebnisse.

Es wird somit für die statistische Untersuchung von Domain Gaps zwischen Datensätzen die CD-Analyse empfohlen, für eine Analyse innerhalb eines Datensatzes dagegen die WD. Die Anwendung der AVM dagegen besitzt zwar den Vorteil, dass der Einfluss von abweichenden Werten geringer ist, allerdings ist die Abhängigkeit zum Finden der richtigen Funktion sehr hoch.

Generell lässt sich sagen, dass Unterschiede in den Daten mathematisch beschreibbar und vergleichbar sind. Außerdem ist keine Radarsimulation zur Erweiterung der Daten notwendig und durch die hier gezeigte Methode wird keinen zusätzliche Domain Gap erzeugt. Basierend auf den in diesem Kapitel gezeigten Methoden wird im anschließenden Kapitel 5 der Anwendungsfall zur Kollisionsvorhersage mittels Radardaten konzipiert, durchgeführt und anschließend analysiert.

5 Konzeption des Anwendungsfalls

Dieses Kapitel stellt ein Konzept für den Anwendungsfall zur Kollisionsvorhersage mittels Radardaten vor. Dabei werden die in Kapitel 2 beschriebenen Grundlagen aufgegriffen und in den Kontext dieser Arbeit gestellt. Außerdem werden die jeweiligen Vor- und Nachteile herausgearbeitet und diskutiert. Dazu werden zuerst in Kapitel 5.1 grundlegende Überlegungen diskutiert. Danach wird in Kapitel 5.2 das Vorgehen zur Bewegungsvorhersage vorgestellt. Anschließend wird in Kapitel 5.3 die Vorverarbeitung der Daten und in Kapitel 5.4 und 5.5 die Vorhersage von Kollisionen sowie deren Wahrscheinlichkeit behandelt.

5.1 Beschreibung des Anwendungsfalls

Im folgenden Abschnitt werden grundlegende Überlegungen zum Anwendungsfall diskutiert. Außerdem wird ein Gesamtkonzept für die Anwendung vorgestellt. An diesem Konzept orientieren sich die nachfolgenden Kapitel. Wie bereits in der Einleitung in Kapitel 1 beschrieben, ist für autonome Fahrzeuge die Vermeidung von Kollisionen essentiell. Bevor eine Reaktion erfolgt, ist eine möglichst frühe Erkennung unerlässlich. Daher beschäftigen sich die nachfolgenden Kapitel mit der Vorhersage von Kollisionen mittels Sensordaten. Die Vorhersage direkt auf Sensordaten besitzt gegenüber einer Erkennung mittels Objekterkennung und Berechnung von Trajektorien den Vorteil, dass Kollisionen ohne Umwege erkannt und Berechnungen eingespart werden.

Die hier gezeigte Anwendung findet auf Radarpunktwolken statt. Wie aus den Grundlagen hervorgeht, sind Radarsensoren robuster gegenüber Wetter- und Lichteinflüssen als andere Sensoren. Außerdem kann direkt die Geschwindigkeit anderer Verkehrsteilnehmer berechnet werden. Das Ziel des Konzept ist daher eine direkte Verwendung von Sensordaten und die Weitergabe des Ergebnisses der Kollisionsvorhersage. Wie aus Kapitel 2.5 hervorgeht, liefern die meisten Sensoren Punktwolken, deshalb werden diese zur Vorhersage verwendet. Das Konzept sieht vor, dass die Kommunikation zwischen dem Sensor und dem ausführenden System abgefangen

L. Lang, *Domain Gap Analyse von Radardaten aus dem Automobilbereich*,
Wissenschaftliche Reihe Fahrzeugtechnik Universität Stuttgart,
https://doi.org/10.1007/978-3-658-50120-4_5

wird. Das ausführende System kann hier ein Fahrer oder ein autonomes System sein, das die Erfassung der Umwelt, die Planung und die Kontrolle beinhaltet. Auf Basis der abgefangenen Daten erfolgt zuerst die Erkennung einer möglichen Kollision. Falls eine Kollision erkannt wird, so wird die Wahrscheinlichkeit der Kollision ermittelt. Anschließend erfolgt eine Warnung des Fahrers oder des autonomen Systems. Das Konzept ist in Abbildung 5.1 in einem autonomen Fahrzeugs abgebildet. Das autonome Fahrzeug ist vereinfacht mit einem Sensor, einer Kommunikationsschnittstelle und einem autonomen System dargestellt.

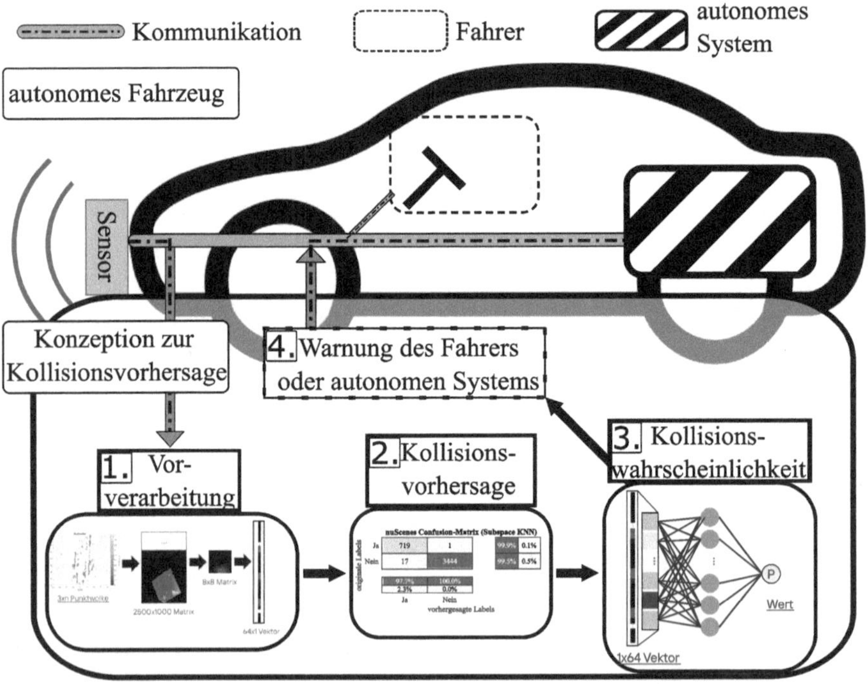

Abbildung 5.1: Konzept der Vorgehensweise zur Kollisionsvorhersage mittels Radarpunktwolken in einem autonomen Fahrzeug

Das Konzept unterteilt sich in mehrere Schritte. Wie Abbildung 5.1 zeigt, beginnt der erste Schritt mit dem Einlesen der Kommunikation des Radarsensors. Dabei wird die Punktwolke, welche der Radarsensor sendet, in Grid-Maps überführt (siehe Kapitel 4.1). Diese werden für die nachfolgenden KI- und ML-Ansätze in Vektoren transformiert. Auf Basis dieser Vektoren wird in Schritt zwei die

Kollisionserkennung durchgeführt. Hier wird mit Hilfe eines ML-Ansatzes ermittelt, ob es zu einer Kollision kommen kann oder nicht. Falls eine Kollision erkannt wird, so wird in Schritt drei die Wahrscheinlichkeit W mittels eines NN vorhergesagt. Diese Wahrscheinlichkeit wird anschließend dem Fahrer oder einem autonomen Systems übergeben. Die nachfolgenden Kapitel fokussieren sich allerdings lediglich auf die ersten drei Schritte.

Bevor die zuvor genannten Schritte in einer Anwendung Verwendung finden, müssen die Ansätze aus Schritt zwei und drei angelernt werden. Dazu wird zuerst ein Trainingsdatensatz gelabelt. Dabei erhält jeder Frame einen Wert W. Frames ohne Kollision erhalten den Wert null. Das genaue Vorgehen zum Labeln der einzelnen Frames wird in Kapitel 5.3 vorgestellt. Nach dem Labeln werden die Ansätze trainiert. Dies wird in Kapitel 5.5 näher erläutert.

5.2 Bewegungsvorhersage

Das folgende Kapitel beschäftigt sich mit der Vorhersage der Bewegung einzelner Verkehrsteilnehmer. Es stellt dabei Vorüberlegungen zum Labeln in Kapitel 5.3 vor. Dazu wird zuerst ein Überblick über verschiedene Ansätze aus der Literatur gegeben. Danach wird auf die in dieser Arbeit verwendete Methode eingegangen und die Vor- und Nachteile diskutiert.

Die Bewegungsvorhersage anderer Verkehrsteilnehmer ist ein wichtiger Bestandteil des autonomen Fahrens [103], vor allem die Bewegungen von verwundbaren Verkehrsteilnehmer, wie zum Beispiel Fußgänger und Fahrradfahrer. Dabei ist deren Bewegung von einem höheren Grad an Bewegungsfreiheiten abhängig [103]. So ist die Bewegung eines Fahrzeugs auf die Richtung seiner Räder beschränkt. Ein Fahrradfahrer besitzt diese Einschränkung ebenfalls. Allerdings kann sich dieser relativ frei zwischen der Fahrbahn und dem Gehweg bewegen. Ein Fußgänger andererseits ist an keine der Einschränkungen gebunden. Allerdings ist dieser am gefährdetsten. Zur Kollisionsvermeidung ist somit die Vorhersage und Wahrscheinlichkeitsberechnung der Bewegungen für autonome Fahrzeuge unerlässlich. Durch die zusätzliche Vorhersage der Kollisionswahrscheinlichkeit ist eine genauere Anpassung der eigenen Geschwindigkeit und eine Planung zukünftiger Trajektorien möglich.

Eine einfache Methode zur Trajektorienbestimmung ist eine lineare Approximation der Bewegung. Miller et. al. [73] diskutieren zum Beispiel die Berechnung eines Schnittpunktes in Abhängigkeit der Position, der Orientierung, der Geschwindigkeit, der Reaktionszeit des Fahrers und des Reibungskoeffizients der Räder zur Straße. Sie berechnen mit Hilfe dieser Informationen zum einen, wo sich der Schnittpunkt der Trajektorien befindet und zum anderen wie viel Zeit die Objekte bis dahin benötigen.

Eine weitere Methode zur Bewegungsvorhersage ist die Berücksichtigung der Wahrscheinlichkeit der Bewegung orthogonal zur aktuellen Bewegungsrichtung. Pierson at. al. verwenden dazu eine Gauß-Verteilung [87]. Hierbei berücksichtigt die Vorhersage die möglichen Beschleunigungen und die Beweglichkeit eines Objektes. Dazu wird der Raum um das Objekt in gaußförmige Bereiche unterteilt, die eine Wahrscheinlichkeit erhalten, ob sich das Objekt im nächsten Zeitschritt darin befindet oder nicht. Hierbei ist wichtig zu beachten, dass zum Beispiel ein Fahrzeug zwar hohe Beschleunigungen besitzt, aber eine geringe orthogonale Bewegung möglich ist. Ein Fußgänger dagegen weist geringere Beschleunigungen auf, allerdings ist die Richtung seiner Bewegung schwer vorhersagbar. Durch die hohe Abhängigkeit von den Objektinformationen ist dieser Ansatz lediglich für Datensätze praktikabel, die genaue Informationen der Objekte liefern.

Da die in dieser Arbeit verwendeten Datensätze lediglich die Position sowie die Orientierung der einzelnen Verkehrsteilnehmer beinhalten, wird hier die lineare Approximation aus [73] als Grundlage zur Bewegungsvorhersage verwendet. Da der Reibungskoeffizient zwischen den Rädern und der Straße stark von den Materialien und Oberflächen abhängt [56] ist dieser ohne Messung nicht erfassbar. Daher wird dieser im Folgenden nicht berücksichtigt. Um den Einfluss von Fehlern im Labeling Prozess der Datensätze hinsichtlich der Position und Orientierung zu verringern, verwendet diese Arbeit zudem die Postionen eines Objektes aus verschiedenen Zeitschritten. Durch diese Positionen wird dann mit Hilfe des Fittings aus Kapitel 2.3.1 eine Gerade gebildet, welche an der letzten Position beginnt. Diese Gerade zeigt entgegen der vorherigen Positionen. Da die Zeitdifferenz der Positionen bekannt ist, kann die aktuelle Geschwindigkeit abgeschätzt werden. Die gewünschte Reaktionszeit bestimmt dann mit der Geschwindigkeit die Länge der Geraden und somit der Trajektorie. Die lineare Approximation bietet aufgrund ihrer Einfachheit zusätzlich die Möglichkeit einer einfachen Implementierung in ein reales System.

Wie bereits erwähnt, verwendet der in dieser Arbeit ausgearbeitete Ansatz direkt die Sensordaten, ohne die Vorhersage einer Trajektorie des Ego-Fahrzeugs. Die Bewegungsvorhersage wird hier allerdings zum Labeling einzelner Frames und zum Antrainieren verwendet. Daher bildet sie einen wichtigen Bestandteil dieser Arbeit.

5.3 Labeling des Anwendungsfalls

Das folgende Unterkapitel stellt die gesamte Labeling-Pipeline vor. Wie bereits erwähnt, ist das Ergebnis dieser Pipeline eine Zuweisung einzelner Frames zu einem Label.

Es wird vor allem auf den Labelingprozess eingegangen. Dieser weist jedem Frame einen Wert der W zu. Danach wird das Ergebnis des Prozesses für beide Datensätze analysiert. Als Grundlage für den Labelingprozess dient hier die lineare Approximation der Bewegung aller Verkehrsteilnehmer. Zusätzlich wird die Wahrscheinlichkeit der Kollision durch das Schneiden der Trajektorien der Objekte und des Ego-Fahrzeugs berechnet. Der jeweilige Frame erhält dann den Wert der höchsten Wahrscheinlichkeit W.

Wie in Kapitel 5.2 beschrieben, werden zur Bewegungsvorhersage eines Objekts die aktuelle Position, die Bewegungsrichtung und die Geschwindigkeit benötigt. Dadurch kann eine Trajektorie ermittelt werden. Zur exakten Messung dieser Größen werden für jedes Objekt die entsprechenden Sensoren benötigt. Allerdings ist dies in den verwendeten Datensätzen nicht gegeben und eine Messung ist nicht ohne großen Aufwand möglich. Daher werden im Rahmen dieser Arbeiten die benötigten Werte berechnet, wobei die Positionen der Objekte durch Bounding-Boxen gegeben sind. Die Bewegungsrichtung und die Geschwindigkeit werden auf Basis der vorherigen Zeitschritte approximiert. Dabei werden die Position des Objektes der letzten drei Frames sowie die zeitlichen Differenzen verwendet. Durch diese drei Zustände wird die Richtung mit Hilfe einer Approximation ermittelt. Da diese Arbeit lediglich einzelne Frames zur Vorhersage verwendet, wird hier eine lineare Approximation angewandt. Die Geschwindigkeit der Objekte wird aus der zurückgelegten Strecke und der Zeitdifferenz berechnet. Die Richtung und die Geschwindigkeit ergeben dann eine lineare Trajektorie, welche beim aktuellen

Zeitschritt beginnt. Die Geschwindigkeit und Richtung des Ego-Fahrzeugs kann dagegen aus den Fahrzeugdaten herausgelesen werden.

Im folgenden Abschnitt wird, auf Basis der zuvor beschriebenen Ermittlung der Trajektorien, die Berechnung der Wahrscheinlichkeit W herausgearbeitet. Dabei steht bei der Definition von W die Sicherheit im Vordergrund. Daher beruhen die folgenden Überlegungen auf konservativen Annahmen der Bewegungen. Die Definition wird allerdings so ausgelegt, dass die Sensitivität der Berechnung zur Wahrscheinlichkeit mittels eines Sicherheitsfaktors S einstellbar ist. Zunächst sei erwähnt, dass durch die zuvor gezeigten Bewegungsvorhersage ermittelt wird, ob eine Kollision vorliegt. Dazu wird ein Schnittpunkt X_P der Trajektorie des Ego-Fahrzeugs und der anderen Verkehrsteilnehmer berechnet. Falls kein Schnittpunkt existiert, gibt es keine Kollision (W= 0). Falls eine Kollision vorliegt, hängt W von der Lage des Schnittpunktes im Verhältnis zum Abstand zum Ego-Fahrzeug ab. Je weiter weg sich X_P vom Ego-Fahrzeug befindet, desto geringer ist die Wahrscheinlichkeit einer Kollision. Außerdem gilt W$\sim x/x_{max}$ und W$\sim y/y_{max}$. Aufgrund der Momentaufnahme eines Frames ändern sich die Geschwindigkeiten und somit auch die Abstände durch eine Beschleunigung der Objekte über die Zeit. Um dieser Änderung eine Wahrscheinlichkeit zuzuordnen werden folgende Regeln aufgestellt:

(a) Falls $x/x_{max} = 1$ und $y/y_{max} = 1$, soll gelten W$\approx$ 0,5

(b) Falls x/x_{max} und $y/y_{max} \rightarrow 0$, soll gelten W$\rightarrow$ 1

(c) Falls $x \rightarrow x_{max}$ und $y/y_{max} \rightarrow 0$, soll gelten W$\rightarrow$ 0

(d) Jeder andere Wert für W ergibt sich aus einer linearen Approximation der Positionen

Eine einfache Möglichkeit für die Aufstellung einer Formel, welche den zuvor beschriebenen Gesetzmäßigkeiten entspricht, ist das 3D-Fitten der sich ergebenden Fläche. Dabei werden die Methoden aus Kapitel 2.3.1 für alle Raumrichtungen angewandt. Um einen Fit in 3D zu gewährleisten, werden bestimmte Punkte auf der Fläche definiert. Diese werden im Folgenden als Stützstellen bezeichnet. An diesen Stützstellen sind die Wahrscheinlichkeiten an den bestimmten x- und y-Koordinaten so definiert, dass die zuvor genannten Regeln gelten. Anschließend wird eine entsprechende Funktion gesucht, welche die sich ergebende Fläche am besten abbildet. Eine Darstellung der Stützstellen erfolgt im Folgenden durch die Matrix M.

Für M folgt daraus:

$$M = \begin{bmatrix} 1{,}000 & 0{,}7500 & 0{,}5000 & 0{,}2500 & 0{,}01 \\ \dots & 0{,}8750 & 0{,}6250 & 0{,}3750 & 0{,}1250 \\ \dots & \dots & 0{,}7500 & 0{,}5000 & 0{,}2500 \\ \dots & \dots & \dots & 0{,}6250 & 0{,}3750 \\ \dots & \dots & \dots & \dots & 0{,}5000 \end{bmatrix} \qquad \text{Gl. 5.1}$$

wobei die Position M(4,4) der Regel (a), M(0,0) der Regel (b) und M(0,4) der Regel (c) entspricht. Da es sich um eine schiefe Ebene handelt, wird lediglich die Hälfte oberhalb der Diagonalen definiert. Die andere Hälfte ergibt sich aus der Fallunterscheidungen in Gl. 5.4 und Gl. 5.5.

Zudem wird W aus numerischen Gründen für die Stützstelle bei M(0,4) auf W= 0,01 gesetzt. Dies verhindert beim Fitten eine zu starke Abweichung, welche zu negativen Werten von W führen kann.

Daraus ergibt sich für die Kollisionswahrscheinlichkeit folgende lineare Beziehung:

$$W(x,y) = a * y + b * x + c \qquad \text{Gl. 5.2}$$

Um eine Skalierung der Funktion in Abhängigkeit der Geschwindigkeit der Objekte zu erhalten, wird der jeweilige maximale Abstand (x_{max} und y_{max}) mit berücksichtigt:

$$W(x,y) = a * \frac{y}{y_{max}} + b * \frac{x}{x_{max}} + c \qquad \text{Gl. 5.3}$$

Es gilt dabei für a, b und c mit dem Sicherheitsfaktor S folgendes:

$$a = \begin{cases} 0{,}5, & \frac{x}{x_{max}} \geq \frac{y}{y_{max}} \\ -1 * S, & \frac{x}{x_{max}} < \frac{y}{y_{max}} \end{cases} \qquad \text{Gl. 5.4}$$

$$b = \begin{cases} -1 * S, & \frac{x}{x_{max}} \geq \frac{y}{y_{max}} \\ 0{,}5, & \frac{x}{x_{max}} < \frac{y}{y_{max}} \end{cases} \qquad \text{Gl. 5.5}$$

$$c = 1 \qquad \text{Gl. 5.6}$$

Außerdem stellt der Sicherheitsfaktor S die Endpunkte der Wahrscheinlichkeit ein. Mit Endpunkten sind hier die Punkte zu verstehen, die sich bei $M(0{,}0)$ und $M(x = x_{max}, y = y_{max})$ ergeben. Somit kann die Steilheit der Änderung von W definiert werden. Damit alle Bedingungen erfüllt sind, gilt für S:

$$0{,}5 \leq S \leq 1 \qquad \text{Gl. 5.7}$$

Falls $S = 1$, so gelten die zuvor aufgestellten Regeln. Für $S \rightarrow 0{,}5$ dagegen gelten für die Regeln (a)-(c):

(a) W$\rightarrow$ 1

(b) W$\rightarrow$ 1

(c) W$\rightarrow$ 0.5

Somit wird immer eine Kollisionswahrscheinlichkeit definiert, sobald eine Kollision vorliegt. Anhand von Regel (a) und (c) ist zudem ersichtlich, dass eine mögliche positive oder negative Beschleunigung durch das Objekt oder des Ego-Fahrzeugs berücksichtigt wird. Für jeden Frame erfolgt eine Berechnung von x_{max}, y_{max} sowie des Schnittpunkts X_P. Anschließend wird die Kollisionswahrscheinlichkeit berechnet. Schließlich erhält jeder Frame den höchsten Wert W aller Verkehrsteilnehmer. Basierend auf der hier vorgestellten Methode, wird im nachfolgenden Abschnitt das Ergebnis des Labelings analysiert.

Bei der Analyse des Labelings ist zu beachten, dass die in dieser Arbeit verwendeten Datensätze nicht auf Kollisionen spezialisiert sind. Die Datensätze bilden einen normalen Verkehrsfluss in Städten ab. Daher existiert hier im Vergleich zur Größe des Datensatzes eine geringe Anzahl an Kollisionen. Außerdem ist zu beachten, dass ein NN-Fitting Algorithmus keine gleichen Werte für unterschiedliche Daten erzeugen kann (siehe Kapitel 2.4).

Im folgenden Abschnitt wird die Verteilung von W analysiert. Die Verteilung ist in Abbildung 5.2 dargestellt. Hierbei ist zu erwähnen, dass hier aufgrund des Anwendungsfalls lediglich Werte W> 0 betrachtet werden. Da dies kein spezialisierter Datensatz ist, besitzen hier lediglich 37,9 % eine mögliche Kollision. Für die weitere Auswertung beträgt die Bandbreite h= 2 %. Die Bandbreite entspricht so der doppelten Auflösung von W, welche zur Erzeugung neuer Frames in Kapitel 5.5 angenommen wird.

Obwohl der Datensatz nicht auf Kollisionen spezialisiert ist, ist in Abbildung 5.2 zu sehen, dass Werte zwischen 2 und 88 % vorhanden sind, wobei sich der Mittelwert μ_W bei 45 befindet. Der Mittelwert der Dichte $\mu = 0{,}0116$ allerdings, liegt bei W= 74. Somit ist eine schiefe Verteilung naheliegend. Es ist außerdem zu sehen, dass die Verteilung keiner eindeutigen mathematischer Funktion folgt. Daher werden hier verschiedene Funktionen untersucht. Dazu wird eine Gauss2, eine Extremwert-Funktion (EX), eine generalisierte Extremwert-Funktion (gen.

EX) und eine Kernel-Funktion verwendet. Die Kernel-Funktion verwendet zum Glätten eine Normalverteilung. Die Grundlagen hierzu finden sich in Kapitel 2.3.2.

Wie in Abbildung 5.2 zu sehen ist, folgen diese Funktionen der Verteilung. Für eine quantitative Beurteilung wird hier allerdings diejenige ausgewählt, welche die geringste Abweichung besitzt. Diese wird im Folgenden mittels des RMSE (siehe Gl. 2.12) berechnet. Dabei zeigt Gauss2 mit einem $RMSE$ von 0,0039 die geringste Abweichung, somit lässt sich sagen, dass innerhalb des KIDT-Datensatzes die Kollisionswahrscheinlichkeit um $Gaus2_{1,\mu}$ = 70 % und $Gaus2_{2,\mu}$ = 70 % am häufigsten auftreten. Außerdem nimmt diese Häufigkeit über 70 % stark ab.

Basierend auf der in diesem Kapitel vorgestellten Labeling-Pipeline stellt das nachfolgende Kapitel die Kollisionserkennung vor.

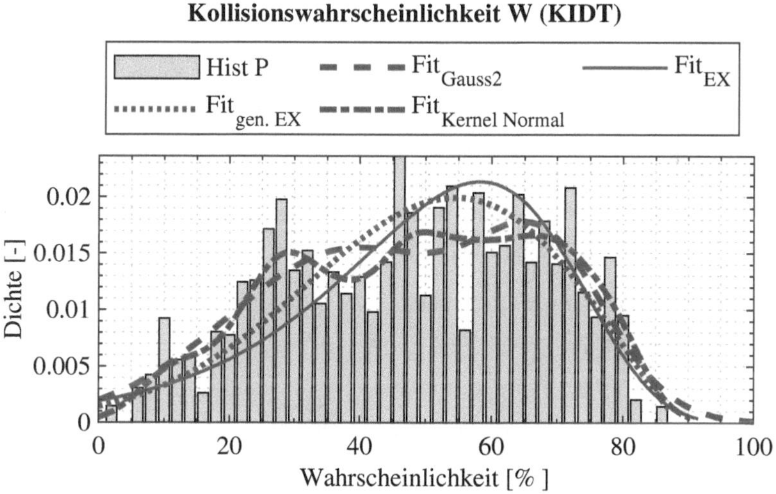

Abbildung 5.2: Verteilung der Kollisionswahrscheinlichkeit des KIDT-Datensatzes mit möglichen Fittingfunktionen

5.4 Kollisionserkennung

Das folgende Kapitel stellt Schritt zwei aus dem Gesamtkonzept vor, welches in Abbildung 5.1 dargestellt ist. Ziel dieses Kapitels ist eine Erkennung auf Grundlage der Vektoren aus den Radarpunktwolken, ob eine Kollision vorliegt oder nicht. Dazu wird zunächst begründet, warum nicht direkt ein NN zur Approximation möglich ist.

Zunächst ist zu beachten, dass alle Frames ohne Kollision mit $W = 0$ denselben Wert besitzen. Allerdings kann ein NN zur Funktionsapproximation unterschiedlichen Eingangsvektoren nicht denselben Wert zuweisen. Es ist zwar möglich, allen Frames ohne Kollision unterschiedlich kleine W zuzuweisen und ab einem Schwellwert keine Kollision zu erkennen. Die Bestimmung des Schwellwerts ist allerdings nicht trivial. Zudem ist nicht eindeutig, welcher W Wert ein Frame erhält, der keine Kollision enthält.

Um dieses Problem zu umgehen verwendet diese Arbeit einen zusätzlichen Ansatz, um die Existenz einer Kollision vorherzusagen, ohne die Wahrscheinlichkeit zu betrachten. Dies geschieht hier direkt mit Hilfe des Vektors und eines ML-Ansatzes. Wie in Abbildung 5.1 zu sehen ist, ist dieser der Kollisionswahrscheinlichkeit vorgeschaltet. Somit wird erst dann die Kollisionswahrscheinlichkeit ermittelt, sobald eine Kollision erkannt wird. Da dieser Ansatz lediglich erkennt, ob eine Kollision vorliegt oder nicht, handelt es sich hier um ein Klassifikationsproblem.

Die Ergebnisse der Klassifikation werden anschließend mittels der Konfusionsmatrizen analysiert. Ausgehend von den Grundlagen aus Kapitel 2.4 sind dazu die Zustände wie folgt:

TP: Es existiert eine Kollision und es wird eine Kollision erkannt

FP: Es existiert keine Kollision allerdings wird eine Kollision erkannt

TN: Es existiert keine Kollision und es wird keine Kollision erkannt

FN Es existiert eine Kollision allerdings wird keine Kollision erkannt

Dabei steht vor allem der GEN Wert im Fokus. Situationen, welche zwar eine Kollision beinhalten, aber als unbedenklich eingestuft werden, sind deutlich gefährlicher als anders herum. Ein autonomes Fahrzeug welches Kollisionen nicht oder erst verspätet erkennt, stellt ein Sicherheitsrisiko dar. Dies wird mittels des SEN angegeben (siehe Gl. 2.25). Wie aus den Grundlagen hervorgeht, ist somit das Ziel, einen hohen GEN und SEN Wert zu erreichen. Zum Training erfolgt eine zufällige Aufteilung des Datensatzes in 70 % Trainings- und 30 % Testdatensatz. Die Testergebnisse dazu von verschiedenen Ansätzen sind in Tabelle 5.1 aufgeführt.

Tabelle 5.1: Ergebnisse verschiedener Klassifikationsansätze mit Verwendung von v_r und dem rein realen Datensatz

Metrik	Subspace KNN	Bagged Trees	Fine KNN	Wide Neural Network	Fine Gaussian SVM
GEN nuScenes [%]	98,1	98,2	96,7	96,2	98,2
SEN nuScenes [%]	1,3	0	3,2	7,1	0
GEN KIDT [%]	1,8	32,7	3,8	12,2	1,8
SEN KIDT [%]	14,7	2,2	19,5	0,1	0

Die Ergebnisse zeigen, dass der nuScenes-Datensatz einen deutlich höheren GEN erzielt als der KIDT-Datensatz. Allerdings ist der SEN hier bei allen Ansätzen kleiner als 20 %. Die SEN Werte des nuScenes-Datensatzes sind hier deutlich geringer als die des KIDT-Datensatzes. Da die GEN Werte des KIDT-Datensatzes ebenfalls gering sind zeigt dies, dass die Ansätze die Kollisionen nicht erlernt haben. Dies ist beim nuScenes-Datensatz ebenfalls durch die hohe Differenz zwischen GEN und SEN ersichtlich.

Eine mögliche Erklärung für die schlechten Ergebnisse ist eine zu geringe Anzahl an Frames mit Kollisionen (siehe Kapitel 5.3). Daher wird für den nachfolgenden Abschnitt der Datensatz mit zusätzlichen Frames erweitert. Die Erweiterung des Datensatzes erfolgt mit zufällig generierten Frames. Die Methoden hierzu sind in Kapitel 4.2 zu finden. Für die nachfolgende Anwendung erhält jeder Frame 10 zusätzliche Frames. Äquivalent zur vorherigen Tabelle ist in Tabelle 5.2 das Testergebnis aufgelistet.

Die Tabelle zeigt, dass im Gegensatz zu den Datensätzen ohne Erweiterung alle Werte der GEN und SEN über 90 % liegen. Somit zeigt die Erweiterung einen deutlichen Anstieg der Ergebnisse. Außerdem zeigt der Ansatz des Subspace KNN bei beiden Datensätzen mit einer GEN von über 99 % das beste Ergebnis. Beim

Tabelle 5.2: Ergebnisse verschiedener Klassifikationsansätze mit Verwendung von v_r und des erweiterten Datensatz

Metrik	Subspace KNN	Bagged Trees	Fine KNN	Wide Neural Network	Fine Gaussian SVM
GEN nuScenes [%]	99,6	99,6	97,0	97,0	99,4
SEN nuScenes [%]	99,9	97,0	99,1	98,6	95,3
GEN KIDT [%]	99,3	99,0	96,7	96,3	95,4
SEN KIDT [%]	99,1	99,1	99,1	99,3	93,7

nuScenes-Datensatz zeigt der Bagged Trees Ansatz zwar ebenfalls eine GEN von 99,6 %, allerdings ist der SEN Wert beim Bagged Trees mit 97 % geringer als beim Subspace KNN mit 99,1 %. Beim KIDT-Datensatz zeigt das Subspace KNN ebenfalls die höchste GEN mit 99,1 % an. Der SEN ist dagegen geringer als die 99,3 % des Wide Neural Network. Das Wide Neural Network kommt allerdings bei keinen der anderen Werte über 99 %. Der letzte Ansatz, das Fine Gaussian SVM zeigt lediglich beim GEN des nuScenes-Datensatzes einen Wert über 99 % an.

Zur genaueren Analyse ist im Folgenden die Konfusionsmatrix des nuScenes-Datensatzes für das Subspace KNN in Abbildung 5.3 dargestellt. Sie zeigt, dass fast 100 % der Frames ohne Kollision als solche erkannt werden. Lediglich bei 17 von 3461 Frames wurden Kollisionen erkannt, welche keine sind. Dies entspricht einer SPE von 99,5 %. Die Häufigkeit PRÄ der richtig erkannten Fälle ist hier mit 97 % ebenfalls sehr hoch. Ein weiteres Indiz für ein erfolgreiches Erlernen ist die Fehlerrate, welche mit 0,004 % sehr gering ist.

Wie bereits in Kapitel 4.1 erwähnt, beinhaltet der KIDT-Ansatz Höheninformationen der Punkte. Um eine mögliche Verwendung dieses Radarparameters zu untersuchen, werden im Folgenden die Grid-Maps mit der z-Koordinate der Punktwolken befüllt. Die Tabelle 5.3 zeigt dazu die entsprechenden Ergebnisse. Da beim KIDT-Datensatz sowohl die Werte der GEN und der SEN die zuvor genannten Kriterien erfüllen, ist hier zusätzlich die SPE angegeben. Hierbei ist zu sehen, dass die SEN Werte relativ gering sind. Daher wurden hier wenige Frames ohne Schnittpunkt klassifiziert.

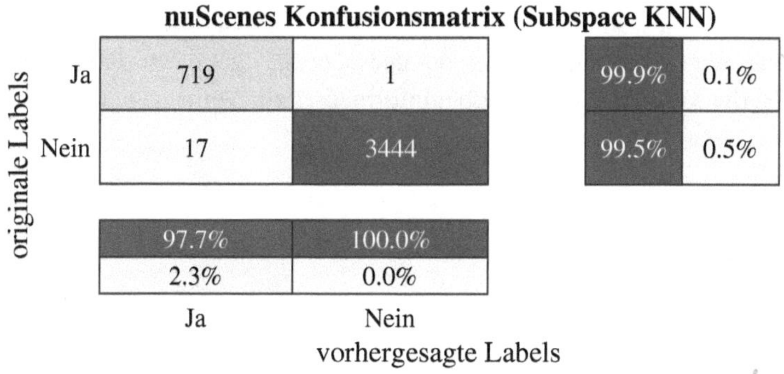

Abbildung 5.3: Konfusionsmatrix des nuScenes-Datensatzes (Subspace KNN)

Tabelle 5.3: Ergebnisse verschiedener Klassifikationsansätze bei Verwendung der z-Koordinate

Metrik	Subspace KNN	Bagged Trees	Fine KNN	Wide Neural Network	Fine Gaussian SVM
GEN KIDT [%] (real)	94,1	94,7	90,5	90,4	94,8
SEN KIDT [%] (real)	0,9	0	8,5	0	0
GEN KIDT [%] (+synth.)	100	99,2	100	91,5	91,3
SEN KIDT [%] (+synth.)	88,5	95,6	86,8	96,4	99,8
SPE KIDT [%] (+synth.)	0	0,1	0,6	0,8	0

Die Ergebnisse dieses Kapitels zeigen, dass eine Kollisionsvorhersage von Radardaten zwar möglich ist, allerdings muss der Datensatz genügend Frames enthalten. Zudem ist die Verwendung der Höheninformation zur Vorhersage nicht sinnvoll.

5.5 Vorhersage der Kollisionswahrscheinlichkeit

Im Gegensatz zum vorherigen Kapitel stellt das folgende Kapitel die Vorhersage der Kollisionswahrscheinlichkeit vor. Dabei wird zuerst auf die Vorgehensweise der Prozesse zum Training und zum Testen eingegangen. Danach werden die Ergebnisse vorgestellt. Anschließend erfolgt die Diskussion der Ergebnisse in Kapitel 6.

Wie bereits erwähnt, wird für den Anwendungsfall die Verarbeitung der Punktwolken zu Grid-Maps (Kapitel 4.1) und die Methoden zur Erzeugung neuer Frames (Kapitel 4.2) verwendet. Der Datensatz mit neuen Frames wird im Folgenden auch als synthetischer Datensatz bezeichnet. Dabei erfolgt zum einen der Prozess mit realen Daten und zum anderen mit einer Mischung aus realen und synthetischen Frames. Außerdem werden bei der Vorverarbeitung zu Grid-Maps zum einen die Geschwindigkeitsinformationen der Punkte (Kapitel 5.5.1) und zum anderen die Höheninformation (Kapitel 5.5.2) verwendet.

Für den gesamten Prozess hängt das Ergebnis eines NN zur Approximation von seinem Anfangszustand ab (siehe Kapitel 2.4). Daher ist eine wichtige Anforderung, dass vor jedem Training der Anfangszustand der Layer zufällig gewählt wird. Dies ermöglicht das Finden der geeigneten Netzwerkkonfiguration. Nachfolgend wird deshalb zusätzlich zur Trainingsmethode eine Herangehensweise herausgearbeitet, welche die beste Netzkonfiguration zur Vorhersage einer Kollision mittels Radardaten ermittelt. Zur anschließenden Analyse des Ergebnisses werden die gelabelten Wahrscheinlichkeiten und die Ergebnisse eines Netzes mit Hilfe eines LRM (siehe Kapitel 2) analysiert. Zudem werden die gelabelten Daten im Rahmen dieser Arbeit auch „Targets“ und die Ergebnisse „Output“ genannt.

Der nachfolgende Abschnitt stellt den Optimierungsprozess vor. Das Ziel dabei ist die Netzkonfiguration zu finden, welche die meisten Frames innerhalb einer bestimmten Toleranz zuordnen kann. Zum Finden der optimalen Netzstruktur werden hier NN mit unterschiedlicher Anzahl an Hidden-Layer trainiert. Nach dem Training wird das Netz ausgewählt, welches das beste Ergebnis beim Testen auf

A_{test} erzielt. Der gesamte Verlauf dieses Optimierungsprozesses für einen Beispieldatensatz A ist in Abbildung 5.4 dargestellt. Dabei ist der Optimierungsprozess in vier Schritte unterteilt:

Schritt 1: Vor dem Training wird der gesamte Datensatz zufällig in zwei gleich große Trainings- und Testdatensätze (A_{train}&A_{test}) unterteilt. Dies ermöglicht zum einen eine Unabhängigkeit der beiden Prozesse, zum anderen kann damit überprüft werden, ob das NN den Trainingsdatensatz abstrahieren kann oder lediglich die Eigenschaften des Datensatzes gelernt hat.
Schritt 2 & 3: Für den Trainingsprozess wird im Rahmen dieser Arbeit in allen Anwendungen A_{train} in jeweils 40 % für das Training und jeweils 30 % für den Test und 30 % für die Validation aufgeteilt. Der Trainingsprozess validiert und testet sich auf diesen Subsets.
Schritt 4: Nach dem Training erfolgt das Testen auf einem separaten Testdatensatz. Die Bedingung eines erfolgreichen Testes ist für diese Arbeit die Anzahl an Frames, welche beim Testen einen $RMSE < 0{,}025$ besitzen. Dies entspricht einer Abweichung von 2,5 %. Das Ziel ist die Netzkonfiguration zu finden, die die meisten Frames mit dieser Bedingung enthält. Dadurch wird der Einfluss von Ausreißern verringert. Außerdem ist dadurch ersichtlich, inwieweit das NN gelernt hat, den Datensatz zu abstrahieren. Nachfolgend wird dazu auch der prozentuale Anteil der realen Frames N_{Frames} angegeben.

Falls Schritt vier nicht die maximale Anzahl N_{Frames} ergibt, wird wieder Schritt zwei ausgeführt. Dazu wird in jedem Durchlauf ein neues Netz generiert. Dies ermöglicht die Untersuchung einer großen Anzahl an Konfigurationen.

Die anschließenden Analysen werden im Folgenden Trainregression, TrainTestregression und Testregression genannt. Die Train- und TrainTestregression ist das Ergebnis nach Schritt drei. Allerdings ist hier zu beachten, dass die BRB keine Validierung benötigt. Der Test in Schritt vier liefert dagegen die Testregression.

Die Vorgehensweise aus Kapitel 5.4 wird in den nachfolgenden Kapiteln für den KIDT- und nuScenes-Datensatz diskutiert. Dabei wird zuerst die Verwendung der Relativgeschwindigkeit vorgestellt. Danach erfolgt die Durchführung mittels der Höheninformation. Zuerst wird jeweils der Optimierungsprozess gezeigt. Danach folgen die Darstellung der besten Ergebnisse sowie die Analyse.

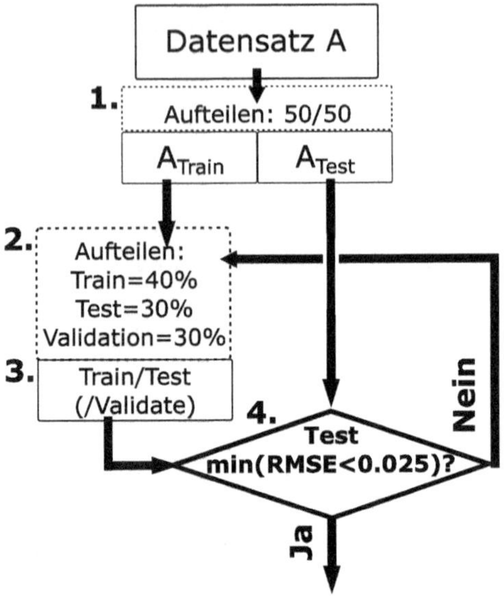

Abbildung 5.4: Übersicht über den Trainings-, Test- und Optimierungsprozess

5.5.1 Verwendung der Geschwindigkeitsinformationen

Für den nachfolgenden Abschnitt werden für die in Kapitel 4.2 vorgestellten Methode zur Grid-Map Generierung die Geschwindigkeitsinformationen der Punktwolke verwendet. Zunächst wird die Domain der unterschiedlichen Sensoren untersucht. Es werden zuerst die Ergebnisse des KIDT-Datensatzes vorgestellt, danach die des nuScenes-Datensatzes. Für den nachfolgenden Prozess wird der KIDT-Datensatz in zwei Teile $A_{train}\&A_{test}$ mit jeweils $N_{frames} = 176$ aufgeteilt.

Zuerst erfolgt eine Untersuchung des gesamten Optimierungsprozesses. Anschließend werden die Ergebnisse des Netzes mit der höchsten Frameanzahl dargestellt. Abbildung 5.5 zeigt den gesamten Optimierungsverlauf des realen Datensatzes bis zu einer Hidden-Layer-Anzahl $N_{Layer} = 35$. Hierbei ist die BRB (siehe 5.5) als Trainingsfunktion ausgewählt. Dabei ist auf der linken Achse die Performance des Testen während des Trainings dargestellt. Die rechte Achse stellt die Anzahl der $N_{RMSE<0,025}$ dar, welche die zuvor genannten Bedingung erfüllen. Die x-Achse zeigt die Iterationen des gesamten Prozesses. Außerdem ist zur Veranschaulichung der jeweilige Verlauf gefittet. Hierbei ist zu sehen, dass die Werte der Testperformance im Schnitt bei 0,036 liegen. Die Verteilung der Werte liegt zwischen 0,019 und 0,0589. Die Frameanzahl des Tests besitzt einen leichten Abfall bei $N_{Layer} < 4$. Danach liegt der Durchschnitt bei ca. 11 Frames. Nachdem alle Netzkonfigurationen durchlaufen sind, wird das Netz ausgewählt, das beim Testen die meisten Frames enthält, die die zuvor genannte Bedingung erfüllen.

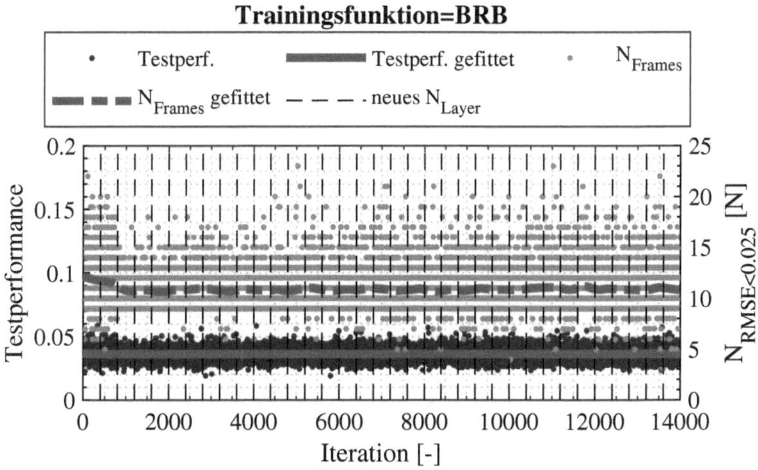

Abbildung 5.5: Ergebnis eines Optimierungsprozesses mit max. $N_{Layer} = 35$ und BRB als Trainingsfunktion

Das Ergebnis dieses Netzes ist in Abbildung 5.6 als Regressionsplot dargestellt. Dazu sind zusätzlich in beiden Abbildungen der jeweilige perfekte Fit mit $R = 1$ und der Steigung $m = 1$ dargestellt. Dabei weist das Netz $N_{Layer} = 13$ auf. Die Regression ergibt hier $R^2_{train} = 0{,}277$. Die Targets decken den gesamten Bereich zwischen 0 <W< 1 ab. Die Ergebnisse des Netzes allerdings befinden sich lediglich zwischen 0,2519 <W< 0,6035. Dies resultiert in einer hohen Verteilung nach oben und unten. Der Test des Netzes während des Trainingsprozesses ist in Abbildung 5.6 dargestellt. Dabei zeigt es hier einen ähnlichen Verlauf wie beim Training. Allerdings zeigt das Training mit $m_{train} = 1{,}331$ eine höhere Steigung als der perfekte Fit auf. Das Testen zeigt hier allerdings mit $m_{test} = 0{,}586$ einen niedrigeren Verlauf auf.

Das Ergebnis des Tests auf A_{test} ist in Abbildung 5.8 zu sehen. Der Test zeigt dasselbe Verhalten wie das Ergebnis des Trainingsprozesses. Zur Veranschaulichung der Testbedingung sind zusätzlich die Frames gezeigt, welche die zuvor genannte Bedingung erfüllen. Die Anzahl dieser Frames beläuft sich hier auf $N = 23$ bei $R^2_{test} = 0{,}0539$. Der Fit des Trainings besitzt mit $m_{train} = 1{,}331$ eine größere Steigung als der perfekte Fit. Der Testfit dagegen besitzt mit $m_{test} = 0{,}586$ eine geringere Steigung.

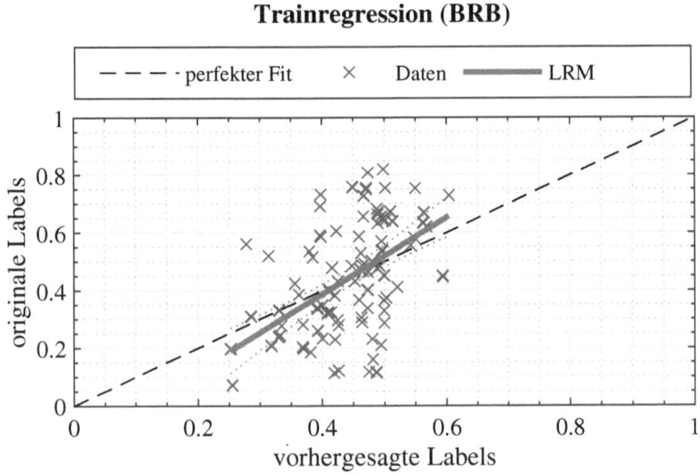

Abbildung 5.6: Trainingsregression von einem Datensatz mit realen Frames, Trainingsfunktion=BRB

Die geringere Verteilung des Netz-Outputs sowohl beim Training als auch beim Testen zeigt, dass das NN die Eigenschaften des Trainingsdatensatzes nicht gelernt hat. Es ist allerdings ebenfalls ein Indiz dafür, dass der Datensatz für das Training zu klein sein kann. Hier zeigt sich das gleiche Problem wie in Kapitel 5.4. Daher wird im Folgenden ebenfalls der erweiterte Datensatz betrachtet.

Äquivalent zu Abbildung 5.5 ist der Fitting Prozess des gemischten Datensatzes in Abbildung 5.9 dargestellt. Hierbei zeigt sowohl $N_{RMSE<0{,}025}$ als auch die Testperformance einen konvergenten Verlauf, wobei $N_{RMSE<0{,}025}$ zuerst ansteigt und dann ab $N_{Layer} = 16$ wieder abfällt.

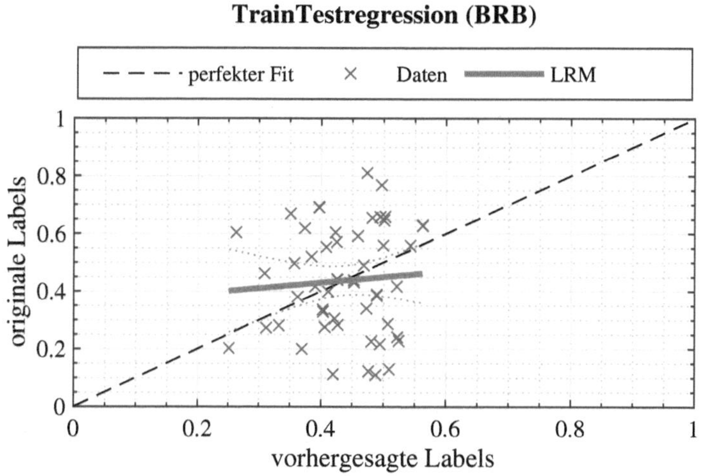

Abbildung 5.7: TrainTregression Datensatz mit realen Frames, Trainingsfunktion=BRB

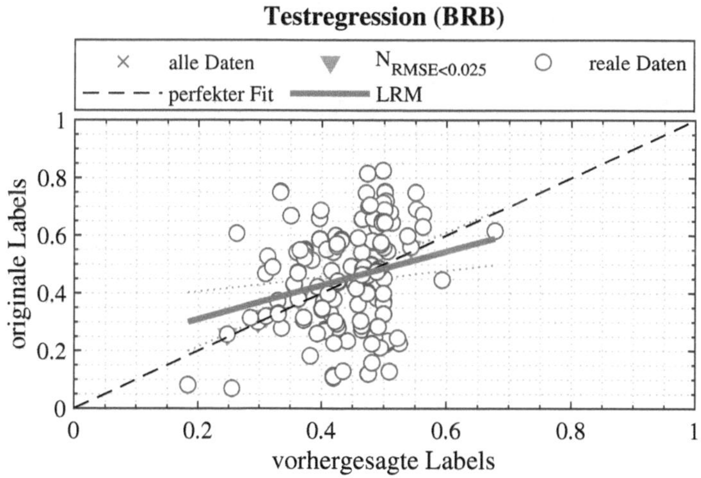

Abbildung 5.8: Testregression Datensatz mit realen Frames, Trainingsfunktion=BRB

Da die Streuung der Frames ab ca. $N_{Layer} = 13$ verstärkt auftritt, sinkt hier bereits die gefittete Funktion. Die Testperformance zeigt ebenfalls eine Streuung. Allerdings nähert sich diese im Mittel der Null an.

Aus dem Schaubild ist ebenfalls zu entnehmen, dass das NN mit $N_{Layer} = 16$ die höchste Anzahl an $N_{RMSE<0,025}$ besitzt. Somit wird dieses NN im nachfolgenden Abschnitt betrachtet. Außerdem ist in der Abbildung ein stufenförmiger Anstieg der Frames zwischen $N_{Layer} = 1$ und $N_{Layer} = 9$ erkennbar. Des Weiteren ist zu sehen, dass die Werte der Testperformance stark variieren. Daher dient im Rahmen dieser Arbeit die Anzahl der Frames als Indikator eines erfolgreichen Trainings.

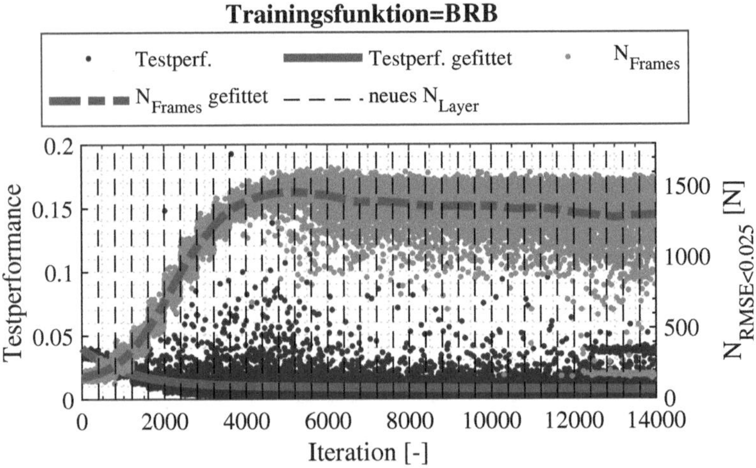

Abbildung 5.9: Testperformance und Anzahl der gefundenen Frames N mit RMSE < 0,025, Trainingsfunktion=BRB und Verwendung der Relativgeschwindigkeit

Beim Trainingsprozess in Abbildung 5.10 ist zu sehen, dass deutlich mehr Punkte der Trainingsdaten in der Nähe der Regressionslinie liegen als in Abbildung 5.6, wobei das LRM $R^2_{train} = 0{,}99$ und $m_{train} = 1{,}009$ ergibt.

Der Test mit A_{test} zeigt eine ähnliche Verteilung auf (siehe Abbildung 5.11). Zusätzlich sind hier genau wie zuvor die Frames markiert, welche die Bedingung erfüllen. Die Anzahl beträgt hier $N = 1635$. Davon sind 153 reale Frames.

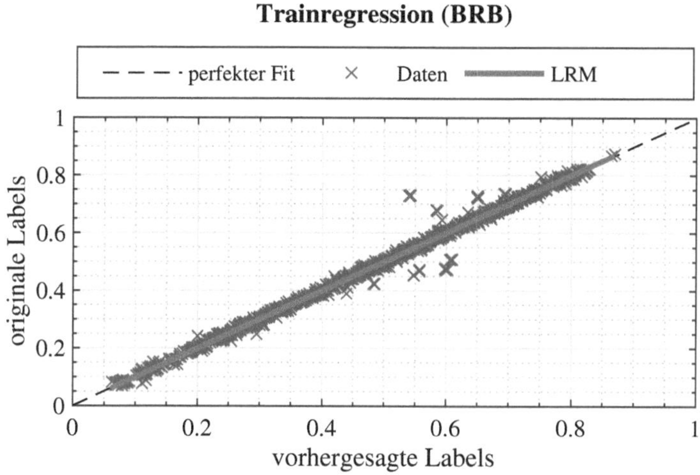

Abbildung 5.10: Trainregression eines Datensatzes mit realen und synthetischen Frames, Trainingsfunktion=BRB

Somit befinden sich 10 Frames außerhalb der Bedingung. Außerdem ist hier $R^2_{test} = 0{,}73$ und $m_{test} = 0{,}783$.

Die Ergebnisse der verschiedenen Trainingsfunktionen (BRB, SCGB und LMB) sind in den Tabellen 5.4, 5.5 und 5.6 aufgelistet. Dabei ist unter anderen angegeben, ob die Trainings- und Testdaten nur reale oder auch synthetische Frames enthalten. Außerdem sind die Trainingsfunktion, R^2, β, N_{Layer} sowie der prozentuale Anteil der Frames innerhalb der Bedingung eingetragen.

Die entsprechenden Ergebnisse für die anderen Trainingsfunktionen des nuScenes-Datensatzes sind im Anhang dargestellt und aufgelistet.

Zunächst wird das Ergebnis des Trainings betrachtet. Hierbei ist zu sehen, dass der Unterschied zwischen den Daten mit und ohne synthetischen Frames, bei BRB an größten ist. Außerdem ist sowohl der R^2-Wert als auch N_{Layer} bei der Verwendung mit synthetischen Daten deutlich größer. Des Weiteren ist hier β am nächsten an eins. Nur bei der Verwendung von LMB mit den rein realen Daten zeigen sich höhere R^2- und β-Werte.

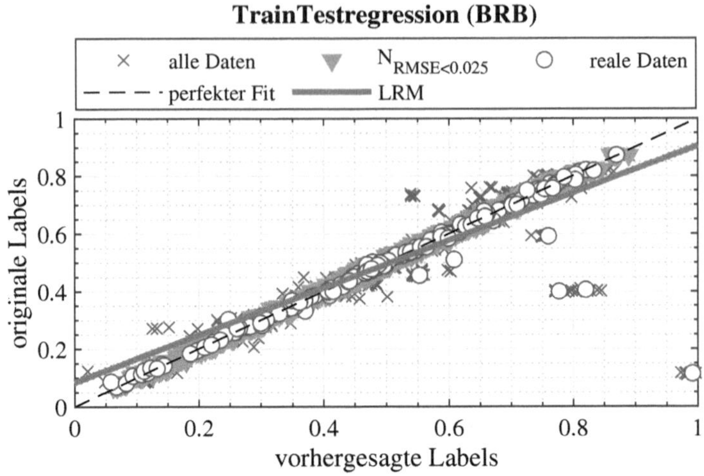

Abbildung 5.11: Testregression eines Datensatzes mit realen und synthetischen Frame, Trainingsfunktion=BRB

Tabelle 5.4: Werte der Trainregression der jeweils besten Netzkonfigurationen

Art der Trainings- & Testdaten	Trainings-funktion	R^2	β	N_{Layer}	N_{Frames} [%] (Real)
Real & Synth.	BRB	0,9897	1,0019	16	67,219
Real	BRB	0,2774	1,3314	13	10,227
Real & Synth.	LMB	0,9704	1,0035	27	35,775
Real	LMB	1,0000	1,0000	31	39,773
Real & Synth.	SCGB	0,5115	1,0340	16	8,610
Real	SCGB	0,5172	0,9382	24	10,795

Tabelle 5.5: Werte der TrainTestregression der jeweils besten Netzkonfigurationen

Art der Trainings- & Testdaten	Trainings-funktion	R^2	β	N_{Layer}	N_{Frames} [%] (Real)
Real & Synth.	BRB	0,7243	0,7882	16	26,471
Real	BRB	0,0058	0,1953	13	5,114
Real & Synth.	LMB	0,5824	0,6754	27	22,674
Real	LMB	0,0501	0,2227	31	11,364
Real & Synth.	SCGB .	0,3086	0,8296	16	4,064
Real	SCGB	0,0169	0,1097	24	7,955

Tabelle 5.6: Werte der Testregression, der jeweiligen besten Netzkonfigurationen

Art der Trainings- & Testdaten	Trainings-funktion	R^2	β	N_{Layer}	N_{Frames} [%] (Real)
Real & Synth.	BRB	0,7703	0,8222	16	93,293
Real	BRB	0,0539	0,5856	13	14,024
Real & Synth.	LMB	0,6515	0,7552	27	80,488
Real	LMB	0,1343	0,2945	31	43,293
Real & Synth.	SCGB	0,3310	0,8778	16	18,293
Real	SCGB	0,0526	0,2779	24	20,732

Beim Testen im Trainingsprozess dagegen zeigt BRB mit dem gemischten Datensatz den höchsten R^2-Wert, wohingegen SCGB die höchste Steigung β besitzt. Allerdings ist der R^2-Wert mit 0,3086 relativ niedrig. Außerdem besitzt BRB auch hier die höchste N_{Frames} in [%]. Die Tabellen zeigen außerdem, dass BRB ebenfalls beim Training auf A_{train} und beim Testen auf A_{test} jeweils die höchste Anzahl an N_{Frame} enthält.

Für den nuScenes-Datensatz ist das beste Ergebnis in Tabelle 5.7 dargestellt. Dabei ist zu sehen, dass hier BRB das besten Ergebnis mit 95 % liefert. Außerdem zeigt der gemischte Datensatz ebenfalls ein besseres Ergebnis als der rein reale

Datensatz. Auch der Optimierungsprozess zeigt ein ähnliches Verhalten, wobei hier gilt $N_{Layer} = 28$. Zusätzlich liegen R^2 und β nahe bei eins.

Tabelle 5.7: Werte der Testregression, der jeweiligen besten Netzkonfigurationen des nuScenes-Datensatz

Art der Trainings- & Testdaten	Trainings-funktion	R^2	β	N_{Layer}	N_{Frames} [%] (Real)
Real & Synth.	BRB	0,9631	0,9776	28	95,192
Real	BRB	0,4666	0,5629	3	56,731

Ausgehend vom zuvor beschriebenen Vorgehen werden im Folgenden die Domänen der Aufnahmeorte untersucht. Um den Einfluss des Sensors zu eliminieren, werden lediglich die Aufnahmeorte des nuScene-Datensatzes untersucht. Außerdem wird hier jeweils der gemischte Datensatz untersucht, da die einzelnen Orte mit $N_{M,1} = 62$, $N_{M,2} = 205$, $N_{M,3} = 10$, $N_{M,4} = 107$ sehr wenige reale Daten enthalten. Danach wird jeweils ein NN mit einem Subdatensatz trainiert und auf den jeweils anderen getestet. Die Ergebnisse sind in Tabelle 5.8 aufgelistet.

Dazu ist angegeben, wie hoch der prozentuale Anteil der Frames innerhalb der Bedingung ist.

Wie in der Tabelle zu sehen, ist der Anteil in allen Konstellationen kleiner als 50 %. Dies zeigt, dass eine Verwendung der Daten untereinander nicht möglich ist.

Tabelle 5.8: Testergebnisse der Aufnahmeorte auf den jeweils anderen

	M_1 %	M_2 %	M_3 %	M_4 %
M_1	-	6,6895	0,0000	45,4545
M_2	1,5152	-	50,0000	32,5581
M_3	3,3058	2,4014	-	1,0571
M_4	0,8264	1,6295	0,0000	-

Zusammenfassend lässt sich hier sagen, dass bei einer Verwendung der Radargeschwindigkeit die Ergebnisse mit BRB und LMB auf dem gemischten Datensatz am genausten sind, wobei BRB das beste Ergebnis liefert. Außerdem besitzen selbst die geringen Abweichungen der Domain Gap Analyse mittels CD, WD und AVM großen Einfluss. Dieser Einfluss ist so groß, dass ein Datensatz, welcher lediglich aus einem der Datensätze besteht, nicht erfolgreich auf einen anderen angewendet werden kann. Im Gegensatz dazu zeigen die Ergebnisse, dass falls ein Datensatz dem Verlauf des Trainings-Datensatzes folgt, erfolgreich ist. Dies ist in der Verwendung der synthetischen Daten zum Testen ersichtlich, da diese den Verläufen der Trainingsdaten folgen. Um eine mögliche Verwendung der Höheninformation trotz schlechter Kollisionserkennung zu untersuchen, stellt das nachfolgende Kapitel 5.5.2 die Ergebnisse dazu vor.

5.5.2 Verwendung der Höheninformation

Äquivalent zur vorherigen Herangehensweise, wird im nachfolgenden Abschnitt die z-Koordinate der Punkte verwendet. Hierbei ist allerdings zu beachten, dass die Ergebnisse in diesem Abschnitt nur mit einem Datensatz vergleichbar sind, welcher die Höheninformation liefert. Im Rahmen dieser Arbeit ist dies der KIDT-Datensatz.

Wie im vorherigen Kapitel 5.5.1 ist in Abbildung 5.12 der Optimierungsprozess des gemischten Datensatzes dargestellt. Hier zeigen beide ebenfalls einen konvergenten Verlauf auf. Des Weiteren ist hier ebenfalls ein stufenförmiger Anstieg zu erkennen. Ab $N_{Layer} > 8$ steigt die Anzahl der Frames deutlich geringer an. Diese Stufen sind ebenfalls in der Testperformance zu sehen. Hier ist der Effekt allerdings nicht so stark ausgeprägt. Die Testperformance konvergiert gegen 0, während die Anzahl der Frames im Schnitt gegen 1400 strebt. Zum Fitten werden hier die Werte, welche bei der Iteration größer 8000 liegen und weniger als 400 Frames enthalten, ebenfalls als Ausreißer ignoriert.

Im Optimierungsprozess zeigt das Netz mit der BRB als Trainingsfunktion und $N_{Layer} = 31$ die höchste Anzahl an Frames. Das Ergebnis des Trainingsprozesses hierzu ist in 5.13 dargestellt. Hierbei ist zu sehen, dass 953 von 1001 Frames einen $RMSE < 0{,}025$ aufweisen.

Das Ergebnis desselben Trainingsprozesses mit LMB und SCGB ist im Anhang A.6 und A.7 dargestellt. Hierbei ist zu sehen, dass bei beiden ebenfalls konvergente Verläufe existieren. Allerdings besitzt SCGB ein Maximum bei 469 Frames. Bei

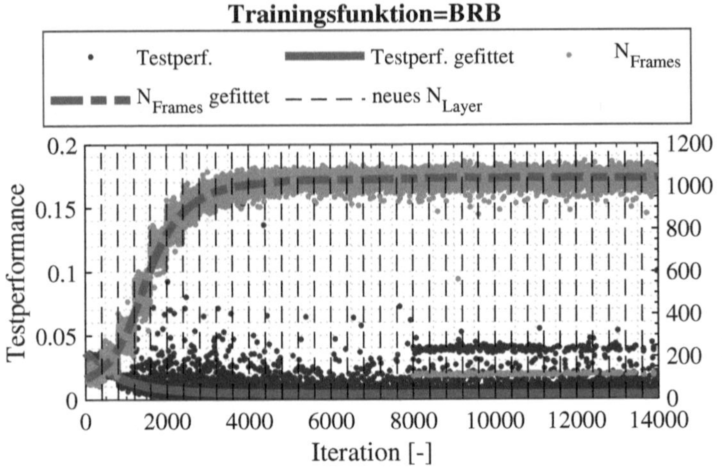

Abbildung 5.12: Testperformance und Anzahl der gefundenen Frames N mit RMSE < 0,025, Trainingsfunktion=BRB und Verwendung der Höheninformation

LMB liegt das Maximum bei 866 Frames. Ein Training mit LMB dagegen besitzt ein Maximum bei 953 Frames und $N_{Layer} = 24$. Außerdem ist die Streuung der Ergebnisse bei SCG und LMB deutlich größer, als bei BRB. Zusätzlich sind die Tabellen der Train-, TrainTest- und der Testregression im Anhang A.4, A.5 und A.6 zu finden. Auch hier zeigt BRB bei dem gemischten Datensatz das beste Ergebnis.

Aufgrund der höheren Anzahl an maximalen Frames und der geringen Streuung wird für den Anwendungsfall dieser Arbeit BRB als Trainingsfunktion empfohlen. Die geringe Streuung bedeutet außerdem, dass diese Netze eine hohe Stabilität im Training und Testen aufweisen.

Es ist noch zu erwähnen, dass der Einfluss der Netzwerkkonfigurationen auf Trainings- und Testdauer im Rahmen dieser Arbeit nicht betrachtet wird. In einer realen Anwendung ist dies allerdings zu berücksichtigen, da hier Latenzen und Echtzeitfähigkeiten eine wichtige Rolle spielen.

Zusammenfassend lässt sich sagen, dass die Ergebnisse mit BRB auf einem gemischten Datensatz am genausten sind. Außerdem sind die Ergebnisse mit gemischten

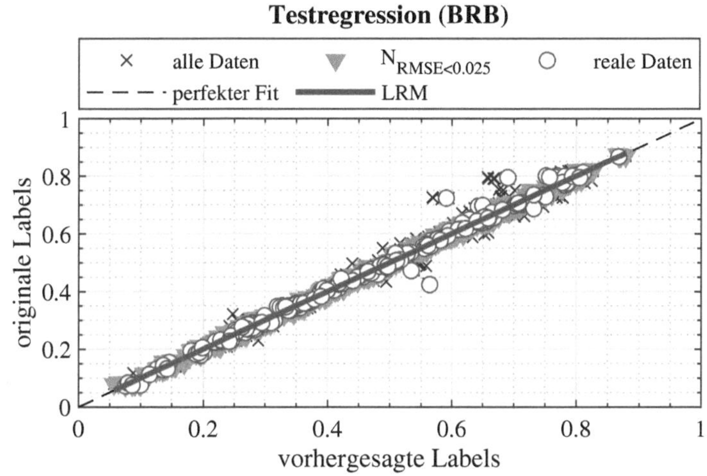

Abbildung 5.13: Testregression mit Auswahl aller Frames deren RMSE<0,025, Datensatz mit realen und synthetischen Frames, Trainingsfunktion=BRB

Datensätzen beim Trainings stabiler als rein reale Datensätze. Eine Erhöhung von N_{Layer} zeigt zudem einen konvergenten Verlauf, welcher sich bei allen Konfigurationen nach ca. $N_{Layer} = 13$ nicht mehr signifikant ändert. Die Anzahl der Hidden-Layer mit $N_{Layer} = 16$ ist zudem eine geeignete Größe, um eine gute Geschwindigkeit im Training und Testen zu gewährleisten. Eine ausführliche Diskussion der Ergebnisse erfolgt anschließend im Kapitel 6.

6 Ergebnisse und Diskussion

Ausgehend von der Themenhinführung aus Kapitel 3 und den Methoden in Kapitel 4 werden im nachfolgenden Kapitel die Ergebnisse aus Kapitel 5 diskutiert.

Zunächst werden die Ergebnisse des Labelings betrachtet. Wie Abbildung 5.2 zeigt, enthält der KIDT-Datensatz Kollisionswahrscheinlichkeiten verstreut zwischen W= 0 % und W= 89 %. Er besitzt allerdings keine Werte zwischen W= 3 % und W= 5 % sowie W= 83 % und W= 85 %. Somit ist eine Vorhersage in diesen Bereichen nicht möglich. Zudem ist zwar eine schiefe Verteilung erkennbar, allerdings zeigt eine zweifache Gauss-Verteilung die geringste Abweichung. Diese Uneindeutigkeit ist auf die starke Schwankung der Werte zurückzuführen und deutet auf vergleichsweise wenig Werte hin. Die Klassifikationsergebnisse zeigen, dass dies allerdings für die Anwendung in dieser Arbeit ausreicht.

Für diese Anwendung wird daran anschließend die Kollisionsvorhersage betrachtet. Dies entspricht dem 2. Schritt aus Abbildung 5.1. Die Ergebnisse der Kollisionsvorhersage zeigen, dass sowohl der KIDT- als auch der nuScenes-Datensatz zur Anwendung praktikabel sind. Anhand der Werte für GEN, SEN und PRÄ ist zu erkennen, dass die Ergebnisse der erweiterten Datensätze genauer sind. Dies ist auf die geringe Anzahl an Kollisionen zurückzuführen. Die Datensätze besitzen mit ca. 37,9 % vergleichsweise wenig Frames mit möglichen Kollisionen. Wie Tabelle 5.2 zeigt, ergeben die verschiedenen Ansätze Subspace-KNN, Bagged Trees, Fine KNN Wide Neural Network und das Fine Gaussian SVM ähnliche Ergebnisse. Allerdings zeigt das Subspace-KNN sowohl beim nuScenes- als auch beim KIDT-Datensatz die genausten Vorhersagen. Zusätzlich ergeben die Ergebnisse der Relativgeschwindigkeit deutlich genauere Vorhersagen als die z-Koordinate. Dies ist durch das Labeling begründet, welches die Objekt-Geschwindigkeit und damit v_r für die Bewegungsvorhersage verwendet (siehe Kapitel 5.3).

Zusätzlich zur Kollisionsvorhersage ermittelt Schritt drei des Konzepts die Wahrscheinlichkeit einer Kollision, sobald diese in Schritt zwei erkannt wird. Wie die Tabellen 5.4 und 5.6 zeigen, ergeben auch hier Datensätze mit zusätzlichen Frames ein genaueres Ergebnis. Dadurch, dass die neuen Frames auf den originalen basieren, sind sie für die Vorhersage einer Kollision geeignet. Im Gegensatz zur Kollisionsvorhersage zeigt hier die Verwendung der Höheninformation ein genaue-

L. Lang, *Domain Gap Analyse von Radardaten aus dem Automobilbereich*,
Wissenschaftliche Reihe Fahrzeugtechnik Universität Stuttgart,
https://doi.org/10.1007/978-3-658-50120-4_6

res Ergebnis. Außerdem benötigt die Verwendung der Höheninformationen eine größere Anzahl an Neuronen im Hidden-Layer. Dagegen zeigt hier das Training ein konstanteres Ergebnis als bei der Verwendung von v_r. Die Streuung der Ergebnisse ist hier deutlich geringer. Es ist allerdings zu beachten, dass die Verwendung der Höheninformation nicht mit jedem Sensor realisierbar ist. Zudem entfällt diese Möglichkeit im Rahmen dieser Arbeit, da die vorgeschaltete Kollisionserkennung zu unzuverlässig ist.

Eine weitere Erkenntnis ist, dass die Verwendung der BRB als Trainingsfunktion hier am geeignetsten ist. Sie liefert nicht nur die genaueren Ergebnisse, sondern zeigt auch den stabilsten Trainingsverlauf. Für eine Anwendung im Fahrzeug ist ein stabiler Trainingsverlauf sinnvoll, da das Netz hier die meisten Frames zukünftiger Daten genauer abbildet.

Generell zeigen die Ergebnisse, dass sich Radarpunktwolken zur Kollisionsvorhersage von Verkehrsteilnehmern eignen. Aus dem vorherigen Kapitel geht zudem hervor, dass die gezeigte Konzeption zur Kollisionserkennung und Vorhersage aus drei Schritten anwendbar ist. Somit kann die Forschungsfrage aus Kapitel 1 dahingehend beantwortet werden, dass Radarpunktwolken und KI-Ansätze zur Bestimmung der Kollisionswahrscheinlichkeit verwendet werden können. Zudem haben bereits geringe Unterschiede in den Datensätzen starke Einflüsse auf die Ergebnisse.

Wie die Abbildungen 5.9 und 5.12 zeigen, hängt das Ergebnis zusätzlich von der Netzkonfiguration ab. Daher lassen sich die Zusammenhänge zwischen den Distanzmetriken und den Ergebnissen am besten über die Verteilung mehrerer Netze analysieren. Um einen Zusammenhang zwischen den Metriken (siehe Tabellen 4.3-4.6) und der Genauigkeit zu erkennen, werden mehrere Datenpunkt benötigt. Für eine Analyse der unterschiedlichen Sensoren stehen hier lediglich zwei verschiedene zur Verfügung. Daher fokussiert sich die anschließende Analyse auf die Kombinationen der unterschiedlichen Aufnahmeorte innerhalb des NuScenes-Datensatzes. Für die Analyse wird jeweils auf den Daten eines Aufnahmeorts trainiert und auf den anderen getestet. Im Folgenden werden dazu die Ergebnisse der 50 besten Netze der einzelnen Domains verwendet. In Abbildung 6.1 sind die Ergebnisse in einem Box-Whisker-Plot dargestellt. Auf der x-Achse sind die Distanzen der einzelnen Metriken und die Genauigkeiten aufgetragen. Außerdem ist der jeweilige Median der Werte eingezeichnet. Die Werte der Mediane sind in Tabelle A.7 aufgelistet. Die Abbildung zeigt, dass in allen Kombinationen Werte zwischen

0 und 50 % möglich sind. Dies deckt sich mit der Streuung der Testperformances aus dem vorherigen Kapitel.

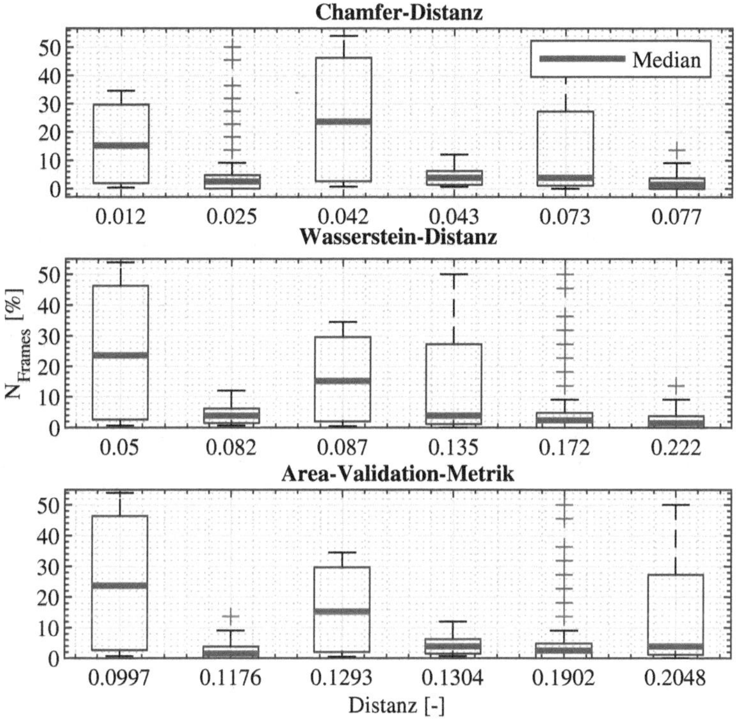

Abbildung 6.1: Zusammenhänge zwischen den Metriken und der Genauigkeiten zwischen den einzelnen Aufnahmeorte des NuScenes-Datensatzes

Die Verläufe der Mediane und der Streuungen der Chamfer-Distanz zeigen keine Abhängigkeit zwischen der Distanz und der Genauigkeit. Die Mediane der Wasserstein-Distanz nehmen dagegen mit zunehmender Distanz ab. Dies ist ebenfalls bei der Streuung erkennbar. Die Mediane der Area-Validation-Metrik zeigen ebenfalls eine Abnahme bei zunehmender Distanz. Allerdings ist die Streuung davon nicht betroffen. Das Ergebnis der Chamfer-Distanz stimmt mit der Erkenntnis aus Kapitel 4.5 überein, dass diese nicht zur Analyse innerhalb eines Datensatzes geeignet ist. Außerdem zeigen die abnehmenden Mediane der Wasserstein-Distanz und AVM, dass diese für die Unterschiede innerhalb des Datensatzes einsetzbar sind. Allerdings bietet sich hier die Wasserstein-Distanz an, da die AVM durch die Streuung weniger geeignet ist.

Für zukünftige Arbeiten ist wichtig zu erwähnen, dass diese Arbeit zur Erweiterung zufällig generierte Frames verwendet. Allerdings ist eine Erweiterung des Datensatzes mit zusätzlichen Messungen möglich. Eine weitere Möglichkeit ist die Verwendung einer Simulation zur Erzeugung weiterer Daten. Hierbei sind die Diskussionen aus Kapitel 3.2 zu beachten. Außerdem kann eine andere Methode zur Bestimmung der Kollisionswahrscheinlichkeit aus Kapitel 5.2 die Anzahl und W der Frames beeinflusst. So ist anzunehmen, dass mit einer Bewegungsvorhersage des in Kapitel 5.2 erwähnten Gauss-Ansatzes deutlich mehr Frames mit einer Kollision versehen werden, da dieser Ansatz eine größere Fläche als Bewegungsmöglichkeit annimmt. Allerdings spielt hier die genaue Kenntnis des Objekttyps sowie der aktuellen Geschwindigkeit eine große Rolle.

Basierend auf den Erkenntnissen des aktuellen und den vorherigen Kapiteln wird im nachfolgenden Kapitel 7 die Zusammenfassung dieser Arbeit und ein Ausblick auf zukünftige Arbeiten gegeben.

7 Zusammenfassung und Ausblick

Wie im einleitenden Kapitel 1 erläutert, untersucht diese Arbeit die Verwendung von Radardaten zur Kollisionsvorhersage von einem Ego-Fahrzeug mit Verkehrsteilnehmern mittels Machine Learning Ansätzen und Ansätzen aus der Künstlichen Intelligenz. Dazu wird die Anwendung direkt auf Sensordaten konzipiert. Dies besitzt den Vorteil, dass keine Umwege über eine Objekterkennung und Trajektorienplanung notwendig sind. Dies bietet das Potential, die Reaktionszeiten eines autonomen Fahrzeugs zu verkürzen. Zusätzlich steht der Einfluss von Unterschieden in Datensätzen auf das Ergebnis der Kollisionsvorhersage im Fokus.

Zuerst wird in Kapitel 3 zum Thema der Domains in Radardaten und ihrer Unterschiede hergeleitet. In diesem Kapitel wird zudem eine Definition von Domain Gaps gegeben. Eine Domain Gap ist in dieser Arbeit ein Unterschied inner- oder außerhalb von Datensätzen, welcher sich durch Messen der Umwelt ergibt. Bevor die Herausarbeitung der Domains für diese Arbeit erfolgt, wird in Kapitel 3.1 die Thematik der Kollisionsvorhersage im Bereich von ML und KI eingeordnet. Dabei zeigt sich, dass hier der Fokus auf der Erfassung der Umwelt liegt. Zusätzlich wird eine Auswahl der Datensätze für diese Arbeit getroffen: der nuScenes-Datensatz und der KIDT-Datensatz.

In Kapitel 3 werden zusätzlich zur Domain Gap Analyse Herausforderungen zur Verwendung von Radarpunktwolken in Kapitel 3.2 herausgearbeitet. Es zeigt sich, dass vor allem zur Verwendung von KI und ML eine Strukturierung der unstrukturierten Punktwolken durch Grid-Maps wichtig ist. Außerdem sind Radarpunktwolken deutlich lichter als Punktwolken anderer Sensoren. Diese geringe Dichte führt dazu, dass für NN eine Zuordnung der Daten erschwert wird. Nach den Herausforderungen werden in Kapitel 3.3 verschiedene Domains definiert. Eine Domain ist hier die Unterteilung eines Datensatzes in einen Bereich, wie zum Beispiel dem Ort der Aufnahme oder der verwendete Sensor. Somit ist eine Analyse der Unterschiede nach dieser Domain möglich und die Komplexität der Unterschiede wird reduziert. Die Domains, welche für diese Arbeit relevant sind, werden in zwei Hauptdomains unterteilt: die Umgebungs-Domain und die Sensor-Domain. Die Umgebungs-Domain lässt sich in weitere Domains unterteilen: der Ort der Aufnahme, die Eigenschaften anderer Verkehrsteilnehmer oder das Wetter. Der Ort der Aufnahme beeinflusst

L. Lang, *Domain Gap Analyse von Radardaten aus dem Automobilbereich*,
Wissenschaftliche Reihe Fahrzeugtechnik Universität Stuttgart,
https://doi.org/10.1007/978-3-658-50120-4_7

unter anderem die Eigenschaften anderer Verkehrsteilnehmer wie deren Positionen und Geschwindigkeiten.

Basierend auf Kapitel 3 werden in Kapitel 4 die Methoden zur Domain Gap Analyse vorgestellt. Dazu wird in Kapitel 4.3 eine Vorgehensweise zur Analyse von Domain Gaps gegeben. Diese Vorgehensweise wird in fünf Schritte eingeteilt. Der erste Schritt beinhaltet eine Analyse des gewählten Datensatzes hinsichtlich der Domain Gap Analyse. Die Auswahl der Domains erfolgt in Schritt 2. Auf Basis von Kapitel 4 wird in Schritt drei die Analyse durchgeführt. Die Schritte vier und fünf beinhalten die Anwendung und die anschließende Analyse des Einflusses der Domain Gaps darauf. Wie bereits aus den Herausforderungen hervorgeht, spielt die Unordnung der Punktwolken eine wichtige Rolle.

Als Ansatz wird hier die Überführung in Grid-Maps verwendet. Eine Grid-Map unterteilt einen Raum in mehrere Bereiche und kann somit zur Strukturierung dienen. Die Bereiche, die einen Punkt der Radarpunktwolke enthalten, werden diesem zugeordnet. Die Wahl der Größe dieser Bereiche auf der Auflösung eines Sensors besitzt zusätzlich den Vorteil, dass jeder Punkt seinen eigenen Bereich erhält. Um die Problematik der Spärlichkeit zu umgehen, werden in dieser Arbeit die Werte der Grid-Map zwischen den Punkten interpoliert. Dies besitzt zusätzlich den Vorteil, dass keine Akkumulation mehrerer Punktwolken notwendig ist. Außerdem verringert eine Transformation der Grid-Map in eine kleinere die Komplexität der Daten. Diese Reduzierung führt zu einer kleineren Datenmenge und zur Verkürzung der Trainingsdauer.

Zur Verwendung der Daten für NN- und ML-Ansätze, werden die Grid-Maps anschließend in Vektoren überführt. Da die hier verwendeten Datensätze relativ wenig Frames mit Kollisionen enthalten, wird in Kapitel 4.2 eine Methode zur Erzeugung neuer Frames vorgestellt, die keine zusätzliche Simulation benötigt. Da die neuen Frames auf den realen Messungen basieren ergeben sich hier keine zusätzlichen Domain Gaps. Die Methode verwendet das sogenannte Zittern von Punkte, um neue Punkte zu generieren. Das Zittern verändert die Werte eines Punktes innerhalb eines vorgegebenen Bereichs. Dieser Bereich wird in dieser Arbeit durch die Auflösung des Sensors definiert.

Zur Überprüfung, ob sich die neuen Frames von ihren originalen unterscheiden, werden die Methoden der CD und WD angewandt. Die Ergebnisse zeigen, dass sich die Frames ähneln. Diese Ähnlichkeit erhöht sich zum einen durch die Überführung in Grid-Maps und zum anderen durch die Transformation in Vektoren. Daran anschließend beschäftigt sich Kapitel 4.4 mit den Methoden und der Durchführung zur Analyse der Domain Gaps. Zunächst wird die Domain der Verbauposition untersucht. Dabei zeigt sich, dass sich die Daten der Verbauposition ähneln. Eine weitere Analyse der Sensor-Domain zeigt, dass sich hier die Daten im Gegensatz zur Verbauposition stark unterscheiden. Diese Unterschiede sind sowohl bei einer Analyse der Histogramme, als auch bei Anwendung der CD, WD und AVM Metriken zu sehen.

Die Ergebnisse zeigen, dass die CD Unterschiede zwischen den Datensätzen genauer abbildet, als die anderen beiden. Die WD und AVM dagegen eignen sich zur Analyse innerhalb eines Datensatzes. Allerdings benötigt die AVM als zusätzlichen Schritt das Fitten der Verteilungen. Durch das Fitten ist die AVM stark von den mathematischen Funktionen abhängig und dadurch auch das Ergebnis der Analyse. Somit ist hier die WD zu empfehlen.

Grundsätzlich lässt sich sagen, dass Unterschiede mittels mathematische Funktionen erfassbar sind. Die größten Unterschiede zeigen sich dabei zwischen den einzelnen Datensätzen. Dies ist damit erklärbar, dass beide Datensätze unterschiedliche Sensoren mit unterschiedlichen Charakteristika verwenden. Die Unterschiede innerhalb eines Datensatzes dagegen sind vergleichsweise gering. Allerdings ist wichtig zu erwähnen, dass sich die Aufnahmeorte der hier verglichenen Datensätze unterscheiden. Somit beeinflussen diese Unterschiede die Analyse der Sensor-Domain. Dies ist vor allem in der CD-Analyse ersichtlich. Ein Indiz dafür ist die Analyse der Aufnahmeorte innerhalb eines Datensatzes. Diese zeigt dagegen geringe Unterschiede auf.

Kapitel 5 konzipiert den Anwendungsfall zur Kollisionsvorhersage mittels Radardaten. Das Gesamtkonzept wird in Kapitel 5.1 vorgestellt. Das Kapitel stellt außerdem das Konzept in Beziehung zum autonomen Fahren. Ziel des Konzepts ist die Integration in bestehende Systeme. Für eine einfache Integration sieht das Konzept vor, dass die Kommunikation zwischen dem Sensor und dem autonomen System abgefangen wird. Das Konzept liest die Punktwolke ein und gibt die Kollisionswahrscheinlichkeit aus, sofern eine Kollision erkannt wird.

Die Kollisionserkennung unterteilt sich in drei Schritte. Zuerst werden die Punktwolken vorverarbeitet, danach erfolgt eine Prüfung der möglichen Kollision mittels eines ML-Ansatzes. Falls eine Kollision vorliegt, wird im Schritt drei die Wahrscheinlichkeit durch ein NN ermittelt. Bevor die ML- und NN-Ansätze trainiert werden, werden den Frames in den Datensätzen Labels zugeordnet. Daher beschäftigen sich Kapitel 5.2 und 5.3 mit der Bestimmung der Kollisionswahrscheinlichkeit.

Um die Kollisionswahrscheinlichkeit zu berechnen, verwendet diese Arbeit die lineare Approximation der Positionen des Ego-Fahrzeugs und der anderen Verkehrsteilnehmer. Basierend auf der Konzeption und dem Labeling wird in Kapitel 5.4 Schritt zwei des Konzepts vorgestellt. Dabei werden verschiedene ML-Ansätze hinsichtlich der Kollisionserkennung untersucht. Außerdem erfolgt die Anwendung sowohl auf der Relativgeschwindigkeit als auch auf der Höheninformation.

Es zeigt sich, dass eine Kollisionserkennung mittels Radardaten zwar möglich ist, allerdings ist eine deutliche Verbesserung nach einer Erweiterung des Datensatzes durch zusätzliche Frames erkennbar. Der Ansatz mit dem höchsten Genauigkeit von über 99,3 % ist bei beiden Datensätzen das Subspace KNN. Zudem ist ersichtlich, dass eine Verwendung der Relativgeschwindigkeit von Radardaten eine genauere Kollisionserkennung liefert als die Höheninformation. Nach der Thematik zur Erkennung einer Kollision, wird in Kapitel 5.5 die Ermittlung der Wahrscheinlichkeit vorgestellt. Zunächst folgt ein Vorgehen zum Finden der optimalen Netzwerkkonfiguration. Dazu wird zuerst der Datensatz in einen Trainings- und einen Testdatensatz aufgeteilt. Danach werden iterativ solange neue Netzwerke generiert, trainiert und getestet, bis das Netzwerk gefunden wird, welches die höchste Anzahl an Frames richtig vorhersagt. Äquivalent zur Kollisionsvorhersage wird dieser Schritt ebenfalls auf der Geschwindigkeit und auf der Höheninformation durchgeführt. Die Ergebnisse zeigen hier ebenfalls eine Verbesserung, sobald der Datensatz erweitert wird. Außerdem zeigt der Trainingsprozess eine höhere Stabilität. Im Gegensatz zur Kollisionsvorhersage ergibt eine Anwendung auf Höheninformationen genauere Ergebnisse als auf der Geschwindigkeit. Des Weiteren wird die BRB als Trainingsfunktion empfohlen, da sie zum einen genauere Ergebnisse liefert und zum anderen einen stabilen Trainingsvorgang zeigt.

Eine Analyse des Einflusses der Domain auf das Ergebnis erfolgt durch das Trainieren auf zwei Datensätzen aus einer Domain. So ergibt die Analyse der einzelnen Aufnahmeorte, dass bereits geringe Unterschiede die Vorhersage der Kollision beeinflussen. Allerdings ist der Einfluss der Domains bei Bestimmung der Wahrscheinlichkeit größer als bei einer Kollisionsvorhersage. Die Verwendung von synthetischen Daten zeigt zusätzlich, dass sobald der Trainings- und Testdatensatz derselben Verteilung folgen, die Vorhersage deutlich verbessert werden kann. Zudem besitzt die Verwendung eines Datensatzes, welcher den Verteilungen des Trainingsdatensatzes folgt, keinen Einfluss auf das Ergebnis. Dadurch lässt sich sagen, dass sobald sich die Verteilungen der Domains stark ähneln, kein Einfluss zu erkennen ist.

Die Ergebnisse dieser Arbeit zur Kollisionserkennung und -vorhersage helfen in nachfolgenden Arbeiten bei der Planung von Trajektorien und zur Kontrolle von autonomen Fahrzeugen. Außerdem ermöglicht die entwickelte Herangehensweise Empfehlungen über die Verwendbarkeit von Datensätzen hinsichtlich der Bewertung von möglichen Kollisionen mittels Radardaten. Die in dieser Arbeit vorgestellte Methoden, Ansätze und vor allem die Konzeption aus Kapitel 5 dienen als ein Baustein zur Absicherung von gefährdeten Verkehrsteilnehmern in gefährlichen Situationen. Die Ergebnisse besitzen das Potential, einen Fahrer in einem autonom-Level 3 oder 4 fahrenden Fahrzeug oder das autonome System selbst zu unterstützen und bei der Bewertung von potentiell gefährlichen Situation zu helfen.

Zur Weiterarbeit in diesem Themengebiet ist die Verwendung weiterer Daten empfehlenswert. So können zum Beispiel Messungen aus Überlandfahrten weitere Herausforderungen beinhalten. Hierbei werden allerdings Kollisionen mit Fußgängern deutlich geringer sein. Außerdem ist eine Untersuchung anderer Datentypen aus der Radarsignalverabeitung sinnvoll. Diese liefern mehr Informationen über die Umgebung und besitzen direkt eine gleichmäßige Struktur. Allerdings ist hier die deutlich größere Datenmenge als bei Punktwolken zu beachten. Des Weiteren kann eine Simulation der Radarsensoren dabei unterstützen, gezielt Domain Gaps zu erzeugen und ihren Einfluss zu untersuchen.

Weitere Arbeiten könnten sich auch mit der Verfeinerung der Ergebnisse aus der Kollisionsvorhersage beschäftigen. Des Weiteren ist eine Erforschung verschiedener Methoden zur Übermittlung der Ergebnisse aus der Kollisionsvorhersage an den Fahrer oder an ein autonomes System sinnvoll. Zuletzt sei erwähnt, dass neue Ansätze wie multimodale Foundation Modelle [33] einen potentiellen Bestandteil zukünftiger Arbeiten darstellen. Diese zeigen beim Thema der Szenebewertung und Trajektorienplanung sehr gute Ergebnisse und bieten eine Gelegenheit, die hier gezeigten Ergebnisse der Kollisionsvorhersage und der anschließenden Kollisionsvermeidung zu unterstützen.

Literaturverzeichnis

[1] Archdeacon, Thomas J.: *Correlation and regression analysis: a historian's guide*. University of Wisconsin Press, 1994

[2] Arlinghaus, Sandra: *Practical handbook of curve fitting*. CRC press, 2023

[3] Battiti, Roberto: First-and second-order methods for learning: between steepest descent and Newton's method. In: *Neural computation* 4 (1992), Nr. 2, S. 141–166

[4] Bojarski, Mariusz ; Testa, Davide D. ; Dworakowski, Daniel ; Firner, Bernhard ; Flepp, Beat ; Goyal, Prasoon ; Jackel, Lawrence D. ; Monfort, Mathew ; Muller, Urs ; Zhang, Jiakai ; Zhang, Xin ; Zhao, Jake ; Zieba, Karol: *End to End Learning for Self-Driving Cars*. 2016. – URL `https://arxiv.org/abs/1604.07316`

[5] Bowman, Adrian W. ; Azzalini, Adelchi: *Applied smoothing techniques for data analysis: the kernel approach with S-Plus illustrations*. Bd. 18. OUP Oxford, 1997

[6] Brahmbhatt, Samarth ; Gu, Jinwei ; Kim, Kihwan ; Hays, James ; Kautz, Jan: *Geometry-Aware Learning of Maps for Camera Localization*. 2018. – URL `https://arxiv.org/abs/1712.03342`

[7] Burden, Frank ; Winkler, Dave: Bayesian regularization of neural networks. In: *Artificial neural networks: methods and applications* (2009), S. 23–42

[8] Caesar, Holger ; Bankiti, Varun ; Lang, Alex H. ; Vora, Sourabh ; Liong, Venice E. ; Xu, Qiang ; Krishnan, Anush ; Pan, Yu ; Baldan, Giancarlo ; Beijbom, Oscar: nuScenes: A multimodal dataset for autonomous driving. (2020)

[9] Callmer, Jonas ; Törnqvist, David ; Gustafsson, Fredrik ; Svensson, Henrik ; Carlbom, Pelle: Radar SLAM using visual features. In: *EURASIP Journal on Advances in Signal Processing* 2011 (2011), S. 1–11

L. Lang, *Domain Gap Analyse von Radardaten aus dem Automobilbereich*, Wissenschaftliche Reihe Fahrzeugtechnik Universität Stuttgart, https://doi.org/10.1007/978-3-658-50120-4

[10] Cao, Zhong ; Yang, Diange ; Jiang, Kun ; Wang, Tinghan ; Jiao, Xinyu ; Xiao, Zhongyang: End-to-end adaptive cruise control based on timing network. In: *Proceedings of the 19th Asia Pacific Automotive Engineering Conference & SAE-China Congress 2017: Selected Papers* Springer (Veranst.), 2019, S. 839–852

[11] Chen, Shiqi ; Zhan, Ronghui ; Wang, Wei ; Zhang, Jun: Domain Adaptation for Semi-Supervised Ship Detection in SAR Images. In: *IEEE Geoscience and Remote Sensing Letters* 19 (2022), S. 1–5

[12] Chen, Yongwei ; Wang, Zihao ; Zou, Longkun ; Chen, Ke ; Jia, Kui: Quasi-Balanced Self-Training on Noise-Aware Synthesis of Object Point Clouds for Closing Domain Gap. In: Avidan, Shai (Hrsg.) ; Brostow, Gabriel (Hrsg.) ; Cissé, Moustapha (Hrsg.) ; Farinella, Giovanni M. (Hrsg.) ; Hassner, Tal (Hrsg.): *Computer Vision – ECCV 2022*. Cham : Springer Nature Switzerland, 2022, S. 728–745. – ISBN 978-3-031-19827-4

[13] Chiellino, U ; Winkle, Th ; Graab, B ; Ernstberger, A ; Donner, E ; Nerlich, M: Was können Fahrerassistenzsysteme im Unfallgeschehen leisten. In: *Zeitschrift für Verkehrssicherheit* 3 (2010), Nr. 2010, S. 131–137

[14] Clark, Ronald ; Wang, Sen ; Markham, Andrew ; Trigoni, Niki ; Wen, Hongkai: VidLoc: A Deep Spatio-Temporal Model for 6-DoF Video-Clip Relocalization. In: *Proceedings of the IEEE Conference on Computer Vision and Pattern Recognition (CVPR)*, July 2017, S. 6856–6864

[15] Continental AG: *Automotive Radars*. 2025. – URL `https://www.continental-automotive.com/en/components/radars.html`. – Zugriffsdatum: 12.04.2025

[16] Crowder, Martin J. ; Kimber, Alan ; Sweeting, T ; Smith, R: *Statistical analysis of reliability data*. Bd. 27. CRC Press, 1994

[17] Cybenko, George: Approximation by superpositions of a sigmoidal function. In: *Mathematics of control, signals and systems* 2 (1989), Nr. 4, S. 303–314

[18] DeVries, Terrance ; Taylor, Graham W.: *Learning Confidence for Out-of-Distribution Detection in Neural Networks*. 2018. – URL `https://arxiv.org/abs/1802.04865`

[19] DOAN, Anh-Dzung ; LATIF, Yasir ; CHIN, Tat-Jun ; LIU, Yu ; DO, Thanh-Toan ; REID, Ian: Scalable Place Recognition Under Appearance Change for Autonomous Driving. In: *Proceedings of the IEEE/CVF International Conference on Computer Vision (ICCV)*, October 2019, S. 9319–9328

[20] DOAN, Anh-Dzung ; NGUYEN, Bach L. ; GUPTA, Surabhi ; REID, Ian ; WAGNER, Markus ; CHIN, Tat-Jun: Assessing domain gap for continual domain adaptation in object detection. In: *Computer Vision and Image Understanding* 238 (2024), S. 103885. – URL https://www.sciencedirect.com/science/article/pii/S1077314223002655. – ISSN 1077-3142

[21] DRYGALA, Matthias; G.: Closing the Domain Gap between Synthetic and Real-world Data for Semantic Segmentation by cGAN. In: *Robust Understanding of Street Scenes Using Computer Vision*, September 2022, S. 1–15

[22] DÜLL, Ernst H. ; PETERS, Hans J.: Collision Avoidance System for Automobiles. In: *SAE Transactions* 87 (1978), S. 1250–1260. – URL http://www.jstor.org/stable/44611097. – Zugriffsdatum: 2025-04-08. – ISSN 0096736X, 25771531

[23] ECKSTEIN, Peter ; GÖTZE, Wolfgang ; HARTL, Friedrich ; RÖNZ, Bernd ; STROHE, Hans G.: *Lexikon Statistik*. Wiesbaden : Gabler Verlag, 1994

[24] ELSTER, Lukas ; ROSENBERGER, Philipp ; HOLDER, Martin ; MORI, Ken ; STAAB, Jan P. ; PETERS, Steven: Introducing the double validation metric for radar sensor models. In: *Automotive and Engine Technology* 9 (2024), 06

[25] FAN, Haoqiang ; SU, Hao ; GUIBAS, Leonidas: *A Point Set Generation Network for 3D Object Reconstruction from a Single Image*. 2016. – URL https://arxiv.org/abs/1612.00603

[26] FAN, Jianqing ; HU, Tien-Chung ; TRUONG, Young K.: Robust Non-Parametric Function Estimation. In: *Scandinavian Journal of Statistics* 21 (1994), Nr. 4, S. 433–446. – URL http://www.jstor.org/stable/4616328. – Zugriffsdatum: 2025-01-05. – ISSN 03036898, 14679469

[27] FANG, Xin ; LI, Jie ; ZHANG, Zhenyuan ; XIAO, Guoqing: FMCW-MIMO radar-based pedestrian trajectory tracking under low-observable environments. In: *IEEE Sensors Journal* 22 (2022), Nr. 20, S. 19675–19687

[28] Ferson, Scott ; Oberkampf, William L.: Validation of imprecise probability models. In: *International Journal of Reliability and Safety* 3 (2009), Nr. 1-3, S. 3–22. – URL https://www.inderscienceonline.com/doi/abs/10.1504/IJRS.2009.026832

[29] Ferson, Scott ; Oberkampf, William L. ; Ginzburg, Lev: Model validation and predictive capability for the thermal challenge problem. In: *Computer Methods in Applied Mechanics and Engineering* 197 (2008), Nr. 29, S. 2408–2430. – URL https://www.sciencedirect.com/science/article/pii/S0045782507005105. – Validation Challenge Workshop. – ISSN 0045-7825

[30] Fölster, Florian ; Rohling, Hermann: Signal processing structure for automotive radar. In: *Frequenz* 60 (2006), Nr. 1-2, S. 20–24

[31] Funahashi, Ken-Ichi: On the approximate realization of continuous mappings by neural networks. In: *Neural networks* 2 (1989), Nr. 3, S. 183–192

[32] Gamba, Jonah: *Radar signal processing for autonomous driving*. Bd. 1456. Springer, 2020

[33] Gao, Haoxiang ; Wang, Zhongruo ; Li, Yaqian ; Long, Kaiwen ; Yang, Ming ; Shen, Yiqing: *A Survey for Foundation Models in Autonomous Driving*. 2024. – URL https://arxiv.org/abs/2402.01105

[34] Gavin, Henri P.: The Levenberg-Marquardt algorithm for nonlinear least squares curve-fitting problems. In: *Department of Civil and Environmental Engineering Duke University August* 3 (2019)

[35] Gelman, Andrew ; Hill, Jennifer ; Vehtari, Aki: *Regression and other stories*. Cambridge University Press, 2020

[36] Gini, Fulvio: Grand Challenges in Radar Signal Processing. In: *Frontiers in Signal Processing* 1 (2021)

[37] Givens, Clark R. ; Shortt, Rae M.: A class of Wasserstein metrics for probability distributions. In: *Michigan Mathematical Journal* 31 (1984), Nr. 2, S. 231 – 240. – URL https://doi.org/10.1307/mmj/1029003026

[38] Godeau, Ugoline ; Bouget, Christophe ; Piffady, Jérémy ; Pozzi, Tiffani ; Gosselin, Frédéric: Lack of definition of mathematical terms in ecology: The

case of the sigmoid class of functions in macro-ecology. In: *Ecology and Evolution* 10 (2020), Nr. 24, S. 14209–14220

[39] GÖHRING, Daniel ; WANG, Miao ; SCHNÜRMACHER, Michael ; GANJINEH, Tinosch: Radar/Lidar sensor fusion for car-following on highways. In: *The 5th International Conference on Automation, Robotics and Applications*, 2011, S. 407–412

[40] HAGAN, Martin T. ; MENHAJ, Mohammad B.: Training feedforward networks with the Marquardt algorithm. In: *IEEE transactions on Neural Networks* 5 (1994), Nr. 6, S. 989–993

[41] HAKOBYAN, Gor ; YANG, Bin: High-Performance Automotive Radar: A Review of Signal Processing Algorithms and Modulation Schemes. In: *IEEE Signal Processing Magazine* 36 (2019), Nr. 5, S. 32–44

[42] HÄRDLE, Wolfgang ; SIMAR, Léopold u. a.: Applied multivariate statistical analysis. In: *Springer, Berlin-Heidelberg.» doi* 10 (2007), S. 978–3

[43] HASCH, Jürgen ; TOPAK, Eray ; SCHNABEL, Raik ; ZWICK, Thomas ; WEIGEL, Robert ; WALDSCHMIDT, Christian: Millimeter-wave technology for automotive radar sensors in the 77 GHz frequency band. In: *IEEE transactions on microwave theory and techniques* 60 (2012), Nr. 3, S. 845–860

[44] HAWKINS, Douglas M.: The problem of overfitting. In: *Journal of chemical information and computer sciences* 44 (2004), Nr. 1, S. 1–12

[45] HILL, Peter D.: Kernel estimation of a distribution function. In: *Communications in Statistics - Theory and Methods* 14 (1985), Nr. 3, S. 605–620. – URL `https://doi.org/10.1080/03610928508828937`

[46] HORNIK, Kurt ; STINCHCOMBE, Maxwell ; WHITE, Halbert: Multilayer feedforward networks are universal approximators. In: *Neural networks* 2 (1989), Nr. 5, S. 359–366

[47] INFINION: *Understand radar data cubes.* – URL `https://community.infineon.com/t5/Knowledge-Base-Articles/Understand-radar-data-cubes/ta-p/765080`. – Zugriffsdatum: 05.01.2025

[48] Janssen, Paul ; Marron, James S. ; Veraverbeke, Noel ; Sarle, Warren: Scale measures for bandwidth selection. In: *Journaltitle of Nonparametric Statistics* 5 (1995), Nr. 4, S. 359–380

[49] Jansson, Jonas: *Tracking and decision making for automotive collision avoidance*. Division of Automatic Control, Department of Electrical Engineering . . . , 2002

[50] Jazayeri, Kian ; Jazayeri, Moein ; Uysal, Sener: Comparative analysis of Levenberg-Marquardt and Bayesian regularization backpropagation algorithms in photovoltaic power estimation using artificial neural network. In: *Advances in Data Mining. Applications and Theoretical Aspects: 16th Industrial Conference, ICDM 2016, New York, NY, USA, July 13-17, 2016. Proceedings 16* Springer (Veranst.), 2016, S. 80–95

[51] Kim, Youngwook ; Moon, Taesup: Human Detection and Activity Classification Based on Micro-Doppler Signatures Using Deep Convolutional Neural Networks. In: *IEEE Geoscience and Remote Sensing Letters* 13 (2016), Nr. 1, S. 8–12

[52] Kissell, Robert ; Poserina, Jim: Chapter 4 - Advanced Math and Statistics. In: Kissell, Robert (Hrsg.) ; Poserina, Jim (Hrsg.): *Optimal Sports Math, Statistics, and Fantasy*. Academic Press, 2017, S. 103–135. – URL https://www.sciencedirect.com/science/article/pii/B9780128051634000049. – ISBN 978-0-12-805163-4

[53] Klauder, J. R. ; Price, A. C. ; Darlington, S. ; Albersheim, W. J.: The theory and design of chirp radars. In: *The Bell System Technical Journal* 39 (1960), Nr. 4, S. 745–808

[54] Koschi, Markus ; Althoff, Matthias: Set-Based Prediction of Traffic Participants Considering Occlusions and Traffic Rules. In: *IEEE Transactions on Intelligent Vehicles* 6 (2021), Nr. 2, S. 249–265

[55] Koutník, Jan ; Cuccu, Giuseppe ; Schmidhuber, Jürgen ; Gomez, Faustino: Evolving large-scale neural networks for vision-based reinforcement learning. In: *Proceedings of the 15th annual conference on Genetic and evolutionary computation*, 2013, S. 1061–1068

[56] Kuchling, Horst ; Kuchling, Thomas: *Taschenbuch der physik*. Carl Hanser Verlag GmbH Co KG, 2022

[57] Kizilersü, Ayşe ; Kreer, Markus ; Thomas, Anthony W.: The Weibull Distribution. In: *Significance* 15 (2018), 04, Nr. 2, S. 10–11. – URL https://doi.org/10.1111/j.1740-9713.2018.01123.x. – ISSN 1740-9705

[58] Lang, Alex H. ; Vora, Sourabh ; Caesar, Holger ; Zhou, Lubing ; Yang, Jiong ; Beijbom, Oscar: Pointpillars: Fast encoders for object detection from point clouds. In: *Proceedings of the IEEE/CVF conference on computer vision and pattern recognition*, 2019, S. 12697–12705

[59] Lang, Lukas ; Saad, Kmeid ; Salles, Dominik ; Reuss, Hans-Christian: Automotive Radar Antenna Configurations and their Impact on Machine Learning Approaches: A Case Study. (2022)

[60] Lang, Ping ; Fu, Xiongjun ; Martorella, Marco ; Dong, Jian ; Qin, Rui ; Meng, Xianpeng ; Xie, Min: *A Comprehensive Survey of Machine Learning Applied to Radar Signal Processing*. 2020. – URL https://arxiv.org/abs/2009.13702

[61] Lang, Yue ; Wang, Qing ; Yang, Yang ; Hou, Chunping ; Liu, Haiping ; He, Yuan: Joint Motion Classification and Person Identification via Multitask Learning for Smart Homes. In: *IEEE Internet of Things Journal* 6 (2019), Nr. 6, S. 9596–9605

[62] Liang, Shiyu ; Li, Yixuan ; Srikant, R.: *Enhancing The Reliability of Out-of-distribution Image Detection in Neural Networks*. 2020. – URL https://arxiv.org/abs/1706.02690

[63] Liu, Chengji ; Tao, Yufan ; Liang, Jiawei ; Li, Kai ; Chen, Yihang: Object Detection Based on YOLO Network. In: *2018 IEEE 4th Information Technology and Mechatronics Engineering Conference (ITOEC)*, 2018, S. 799–803

[64] Liu, Guosi ; Bei, Shaoyi ; Li, Bo ; Liu, Tao ; Daoud, Walid ; Tang, Haoran ; Guo, Jinfei ; Zhu, Zhaoxin: Research on Collision Avoidance Systems for Intelligent Vehicles Considering Driver Collision Avoidance Behaviour. In: *World Electric Vehicle Journal* 14 (2023), Nr. 6. – URL https://www.mdpi.com/2032-6653/14/6/150. – ISSN 2032-6653

[65] Liu, Xiaobin ; Zhang, Shiliang: Who is closer: A computational method for domain gap evaluation. In: *Pattern Recognition* 122 (2022), S. 108293. – URL https://www.sciencedirect.com/science/article/pii/S0031320321004738. – ISSN 0031-3203

[66] Liu, Zeyu ; Yang, Yantao ; Cai, Qingdong: Neural network as a function approximator and its application in solving differential equations. In: *Applied Mathematics and Mechanics* 40 (2019), Nr. 2, S. 237–248

[67] Mackay, David John C.: *Bayesian methods for adaptive models*. California Institute of Technology, 1992

[68] Marquardt, Donald W.: An algorithm for least-squares estimation of nonlinear parameters. In: *Journal of the society for Industrial and Applied Mathematics* 11 (1963), Nr. 2, S. 431–441

[69] Marti, Enrique ; Miguel, Miguel A. de ; Garcia, Fernando ; Perez, Joshue: A Review of Sensor Technologies for Perception in Automated Driving. In: *IEEE Intelligent Transportation Systems Magazine* 11 (2019), Nr. 4, S. 94–108

[70] Maturana, Daniel ; Scherer, Sebastian: VoxNet: A 3D Convolutional Neural Network for real-time object recognition. In: *2015 IEEE/RSJ International Conference on Intelligent Robots and Systems (IROS)*, 2015, S. 922–928

[71] Meinel, Holger H.: Evolving automotive radar—From the very beginnings into the future. In: *The 8th European Conference on Antennas and Propagation (EuCAP 2014)* IEeE (Veranst.), 2014, S. 3107–3114

[72] Menke, Maximilian ; Wenzel, Thomas ; Schwung, Andreas: Improving Cross-Domain Semi-Supervised Object Detection with Adversarial Domain Adaptation. In: *2023 IEEE Intelligent Vehicles Symposium (IV)*, 2023, S. 1–7

[73] Miller, R. ; Huang, Qingfeng: An adaptive peer-to-peer collision warning system. In: *Vehicular Technology Conference. IEEE 55th Vehicular Technology Conference. VTC Spring 2002 (Cat. No.02CH37367)* Bd. 1, 2002, S. 317–321 vol.1

[74] Mohamed, Sherif A. ; Haghbayan, Mohammad-Hashem ; Westerlund, Tomi ; Heikkonen, Jukka ; Tenhunen, Hannu ; Plosila, Juha: A survey on odometry for autonomous navigation systems. In: *IEEE access* 7 (2019), S. 97466–97486

[75] Murphy, Kevin P.: *Machine learning: a probabilistic perspective*. MIT press, 2012

[76] Møller, Martin F.: A scaled conjugate gradient algorithm for fast supervised learning. In: *Neural Networks* 6 (1993), Nr. 4, S. 525–533. – URL https://www.sciencedirect.com/science/article/pii/S0893608005800565. – ISSN 0893-6080

[77] Nagelkerke, Nico J. u. a.: A note on a general definition of the coefficient of determination. In: *biometrika* 78 (1991), Nr. 3, S. 691–692

[78] Nakashima, Kazuto ; Kurazume, Ryo: Learning to drop points for lidar scan synthesis. In: *2021 IEEE/RSJ International Conference on Intelligent Robots and Systems (IROS)* IEEE (Veranst.), 2021, S. 222–229

[79] Nam, Hyeonseob ; Lee, HyunJae ; Park, Jongchan ; Yoon, Wonjun ; Yoo, Donggeun: Reducing Domain Gap by Reducing Style Bias. In: *Proceedings of the IEEE/CVF Conference on Computer Vision and Pattern Recognition (CVPR)*, June 2021, S. 8690–8699

[80] Nobis, Felix ; Fent, Felix ; Betz, Johannes ; Lienkamp, Markus: Kernel Point Convolution LSTM Networks for Radar Point Cloud Segmentation. In: *Applied Sciences* 11 (2021), Nr. 6. – URL https://www.mdpi.com/2076-3417/11/6/2599. – ISSN 2076-3417

[81] NTSB: *Highway Investigation - 44 Docket Items - HWY18MH010.* – URL https://data.ntsb.gov/Docket?ProjectID=96894. – Zugriffsdatum: 17.01.2025

[82] Palffy, Andras ; Pool, Ewoud ; Baratam, Srimannarayana ; Kooij, Julian F. P. ; Gavrila, Dariu M.: Multi-Class Road User Detection With 3+1D Radar in the View-of-Delft Dataset. In: *IEEE Robotics and Automation Letters* 7 (2022), Nr. 2, S. 4961–4968

[83] Pan, Sinno J. ; Yang, Qiang: A Survey on Transfer Learning. In: *IEEE Transactions on Knowledge and Data Engineering* 22 (2010), Nr. 10, S. 1345–1359

[84] Panaretos, Victor M. ; Zemel, Yoav: Statistical aspects of Wasserstein distances. In: *Annual review of statistics and its application* 6 (2019), Nr. 1, S. 405–431

[85] Pendleton, Scott D. ; Andersen, Hans ; Du, Xinxin ; Shen, Xiaotong ; Meghjani, Malika ; Eng, You H. ; Rus, Daniela ; Ang, Marcelo H.: Perception,

Planning, Control, and Coordination for Autonomous Vehicles. In: *Machines* 5 (2017), Nr. 1. – URL https://www.mdpi.com/2075-1702/5/1/6. – ISSN 2075-1702

[86] PENG, Shuwen ; XI, Xiaohuan ; WANG, Cheng ; XIE, Rongchang ; WANG, Pu ; TAN, Hongwu: Point-Based Multilevel Domain Adaptation for Point Cloud Segmentation. In: *IEEE Geoscience and Remote Sensing Letters* 19 (2022), S. 1–5

[87] PIERSON, Alyssa ; SCHWARTING, Wilko ; KARAMAN, Sertac ; RUS, Daniela: Learning Risk Level Set Parameters from Data Sets for Safer Driving. In: *2019 IEEE Intelligent Vehicles Symposium (IV)*, 2019, S. 273–280

[88] PINYOANUNTAPONG, Ekkasit ; ALI, Ayman ; JAKKALA, Kalvik ; WANG, Pu ; LEE, Minwoo ; PENG, Qucheng ; CHEN, Chen ; SUN, Zhi: GaitSADA: Self-Aligned Domain Adaptation for mmWave Gait Recognition. In: *2023 IEEE 20th International Conference on Mobile Ad Hoc and Smart Systems (MASS)*, 2023, S. 218–226

[89] QI, Charles R. ; SU, Hao ; MO, Kaichun ; GUIBAS, Leonidas J.: *PointNet: Deep Learning on Point Sets for 3D Classification and Segmentation*. 2017. – URL https://arxiv.org/abs/1612.00593

[90] QI, Charles R. ; YI, Li ; SU, Hao ; GUIBAS, Leonidas J.: *PointNet++: Deep Hierarchical Feature Learning on Point Sets in a Metric Space*. 2017. – URL https://arxiv.org/abs/1706.02413

[91] RAJAMANI, Rajesh: *Vehicle dynamics and control*. Springer Science & Business Media, 2011

[92] RICHTER, Jasmine ; FAION, Florian ; FENG, Di ; BECKER, Paul B. ; SIELECKI, Piotr ; GLAESER, Claudius: *Understanding the Domain Gap in LiDAR Object Detection Networks*. 2022. – URL https://arxiv.org/abs/2204.10024

[93] RIPPER, Klaus: *Neuronale Netze und statistische Funktionsanpassung*. S. 41–52. In: *Neuronale Netze im Portfolio-Management*. Wiesbaden : Deutscher Universitätsverlag, 2000. – URL https://doi.org/10.1007/978-3-322-87390-3_4. – ISBN 978-3-322-87390-3

[94] Robert Bosch GmbH: *Front radar sensor.* 2025. – URL `https://www.bosch-mobility.com/en/solutions/sensors/front-radar-sensor/`. – Zugriffsdatum: 12.04.2025

[95] Rosique, Francisca ; Navarro, Pedro J. ; Fernández, Carlos ; Padilla, Antonio: A systematic review of perception system and simulators for autonomous vehicles research. In: *Sensors* 19 (2019), Nr. 3, S. 648

[96] Rumelhart, David E. ; Hinton, Geoffrey E. ; Williams, Ronald J.: Learning representations by back-propagating errors. In: *nature* 323 (1986), Nr. 6088, S. 533–536

[97] Sammut, Claude ; Webb, Geoffrey I.: *Encyclopedia of Machine Learning and Data Mining.* 2nd. Springer Publishing Company, Incorporated, 2017. – ISBN 148997685X

[98] Sarstedt, Marko ; Mooi, Erik ; Sarstedt, Marko ; Mooi, Erik: Regression analysis. In: *A concise guide to market research: The process, data, and methods using IBM SPSS Statistics* (2019), S. 209–256

[99] Sattler, Torsten ; Leibe, Bastian ; Kobbelt, Leif: Efficient and Effective Prioritized Matching for Large-Scale Image-Based Localization. In: *IEEE Transactions on Pattern Analysis and Machine Intelligence* 39 (2017), Nr. 9, S. 1744–1756

[100] Scheiner, Nicolas ; Kraus, Florian ; Appenrodt, Nils ; Dickmann, Jürgen ; Sick, Bernhard: Object detection for automotive radar point clouds–a comparison. In: *AI Perspectives* 3 (2021), Nr. 1, S. 6

[101] Scheiner, Nicolas S.: *Object Detection for Automotive Radar Perception*, University of Kassel, Germany, Dissertation, 2024

[102] Schichl, Hermann ; Steinbauer, Roland: *Einführung in das mathematische Arbeiten.* Bd. 2. Springer, 2009

[103] Schuetz, Erik ; Flohr, Fabian B.: A Review of Trajectory Prediction Methods for the Vulnerable Road User. In: *Robotics* 13 (2024), Nr. 1. – URL `https://www.mdpi.com/2218-6581/13/1/1`. – ISSN 2218-6581

[104] Schumann, Ole ; Hahn, Markus ; Scheiner, Nicolas ; Weishaupt, Fabio ; Tilly, Julius ; Dickmann, Jürgen ; Wöhler, Christian: RadarScenes: A Real-World

Radar Point Cloud Data Set for Automotive Applications. (2021), März. – URL https://doi.org/10.5281/zenodo.4559821

[105] Schumann, Ole ; Lombacher, Jakob ; Hahn, Markus ; Wöhler, Christian ; Dickmann, Jürgen: Scene Understanding With Automotive Radar. In: *IEEE Transactions on Intelligent Vehicles* 5 (2020), Nr. 2, S. 188–203

[106] Shen, Yuefan ; Yang, Yanchao ; Yan, Mi ; Wang, He ; Zheng, Youyi ; Guibas, Leonidas: Domain Adaptation on Point Clouds via Geometry-Aware Implicits. (2021)

[107] Stadelmayer, Thomas ; Santra, Avik: Parametric convolutional neural network for radar-based human activity classification using raw ADC data. In: *Authorea Preprints* (2023)

[108] Stephan, Michael ; Stadelmayer, Thomas ; Santra, Avik ; Fischer, Georg ; Weigel, Robert ; Lurz, Fabian: Radar Image Reconstruction from Raw ADC Data using Parametric Variational Autoencoder with Domain Adaptation. In: *2020 25th International Conference on Pattern Recognition (ICPR)*, 2021, S. 9529–9536

[109] Sykes, Alan O.: An introduction to regression analysis. (1993), Nr. 20

[110] Szandała, Tomasz: *Review and Comparison of Commonly Used Activation Functions for Deep Neural Networks*. S. 203–224. In: Bhoi, Akash K. (Hrsg.) ; Mallick, Pradeep K. (Hrsg.) ; Liu, Chuan-Ming (Hrsg.) ; Balas, Valentina E. (Hrsg.): *Bio-inspired Neurocomputing*. Singapore : Springer Singapore, 2021. – URL https://doi.org/10.1007/978-981-15-5495-7_11. – ISBN 978-981-15-5495-7

[111] Tong, Yung L.: *The multivariate normal distribution*. Springer Science & Business Media, 2012

[112] Tong, Ziqiang ; Renter, Ralf ; Fujimoto, Masahiko: Fast chirp FMCW radar in automotive applications. In: *IET International Radar Conference 2015*, 2015, S. 1–4

[113] Umweltbundesamt: *VE-I-4: Road accidents due to weather conditions and weather patterns*. – URL https://www.umweltbundesamt.de/en/monitoring-on-das/cluster/

transport_transport-infrastructure/ve-i-4/indicator. – Zugriffsdatum: 17.01.2025

[114] VARGAS, Jorge ; ALSWEISS, Suleiman ; TOKER, Onur ; RAZDAN, Rahul ; SANTOS, Joshua: An Overview of Autonomous Vehicles Sensors and Their Vulnerability to Weather Conditions. In: *Sensors* 21 (2021), Nr. 16. – URL https://www.mdpi.com/1424-8220/21/16/5397. – ISSN 1424-8220

[115] VYAS, Apoorv ; JAMMALAMADAKA, Nataraj ; ZHU, Xia ; DAS, Dipankar ; KAUL, Bharat ; WILLKE, Theodore L.: Out-of-distribution detection using an ensemble of self supervised leave-out classifiers. In: *Proceedings of the European conference on computer vision (ECCV)*, 2018, S. 550–564

[116] WASSERMAN, Larry: *All of nonparametric statistics*. Springer Science & Business Media, 2006

[117] WEIBULL, Waloddi: A statistical theory of strength of materials. In: *IVB-Handl.* (1939)

[118] WEIBULL, Waloddi: A Statistical Distribution Function of Wide Applicability. In: *Journal of Applied Mechanics* 18 (2021), 04, Nr. 3, S. 293–297. – URL https://doi.org/10.1115/1.4010337. – ISSN 0021-8936

[119] WILSON, Andrew G. ; IZMAILOV, Pavel: Bayesian Deep Learning and a Probabilistic Perspective of Generalization. In: LAROCHELLE, H. (Hrsg.) ; RANZATO, M. (Hrsg.) ; HADSELL, R. (Hrsg.) ; BALCAN, M.F. (Hrsg.) ; LIN, H. (Hrsg.): *Advances in Neural Information Processing Systems* Bd. 33, Curran Associates, Inc., 2020, S. 4697–4708. – URL https://proceedings.neurips.cc/paper_files/paper/2020/file/322f62469c5e3c7dc3e58f5a4d1ea399-Paper.pdf

[120] XU, Huazhe ; GAO, Yang ; YU, Fisher ; DARRELL, Trevor: End-to-end learning of driving models from large-scale video datasets. In: *Proceedings of the IEEE conference on computer vision and pattern recognition*, 2017, S. 2174–2182

[121] XU, Zhijiang ; ZHAO, Wanzhong ; WANG, Chunyan ; DAI, Yifan: Local path planning and tracking control of vehicle collision avoidance system. In: *Transactions of Nanjing University of Aeronautics and Astronautics* 35 (2018), Nr. 4, S. 729–738

[122] Yan, Chen ; Xu, Wenyuan ; Liu, Jianhao: Can you trust autonomous vehicles: Contactless attacks against sensors of self-driving vehicle. In: *Def Con* 24 (2016), Nr. 8, S. 109

[123] Yang, Bin ; Luo, Wenjie ; Urtasun, Raquel: PIXOR: Real-Time 3D Object Detection From Point Clouds. In: *Proceedings of the IEEE Conference on Computer Vision and Pattern Recognition (CVPR)*, June 2018, S. 7652–7660

[124] Yao, Shanliang ; Guan, Runwei ; Peng, Zitian ; Xu, Chenhang ; Shi, Yilu ; Ding, Weiping ; Lim, Eng G. ; Yue, Yong ; Seo, Hyungjoon ; Man, Ka L. ; Ma, Jieming ; Zhu, Xiaohui ; Yue, Yutao: *Exploring Radar Data Representations in Autonomous Driving: A Comprehensive Review.* 2024. – URL https://arxiv.org/abs/2312.04861

[125] Yu, Li ; Zhong, Hongchao ; Zou, Longkun ; Chen, Ke ; Gao, Pan: *Bridging Domain Gap of Point Cloud Representations via Self-Supervised Geometric Augmentation.* 2024. – URL https://arxiv.org/abs/2409.06956

[126] Zhang, Chiyuan ; Bengio, Samy ; Hardt, Moritz ; Recht, Benjamin ; Vinyals, Oriol: *Understanding deep learning requires rethinking generalization.* 2017. – URL https://arxiv.org/abs/1611.03530

[127] Zheng, Jia ; Zhu, Yifan ; Wang, Kehan ; Zou, Qiang ; Zhou, Zihan: *Deep Learning Assisted Optimization for 3D Reconstruction from Single 2D Line Drawings.* 2022. – URL https://arxiv.org/abs/2209.02692

[128] Zhou, Yi ; Liu, Lulu ; Zhao, Haocheng ; López-Benítez, Miguel ; Yu, Limin ; Yue, Yutao: Towards Deep Radar Perception for Autonomous Driving: Datasets, Methods, and Challenges. In: *Sensors* 22 (2022), Nr. 11. – URL https://www.mdpi.com/1424-8220/22/11/4208. – ISSN 1424-8220

Anhang

Tabelle A.1: Wichtige Gleichungen für ein FMCW-Radar [128]

Bezeichnung	Gleichung	
max. Reichweite	$D_{max} = \frac{c \cdot B_{IF}}{2 \cdot S}$	Gl. A.1
max. Geschwindigkeit	$v_m = \frac{\lambda}{4 \cdot T_c}$	Gl. A.2
max. Winkel	$\Theta_{max} = \arcsin(\frac{\lambda}{2 \cdot d})$	Gl. A.3
Reichweitenauflösung	$D_{res} = \frac{c}{2 \cdot B}$	Gl. A.4
Geschwindigkeitsauflösung	$v_{res} = \frac{\lambda}{2 \cdot N_c \cdot T_c}$	Gl. A.5
Winkelauflösung	$\Theta_{res} = \frac{\lambda}{N_R \cdot \Delta d \cdot \cos(\Theta)}$	Gl. A.6

L. Lang, *Domain Gap Analyse von Radardaten aus dem Automobilbereich*, Wissenschaftliche Reihe Fahrzeugtechnik Universität Stuttgart, https://doi.org/10.1007/978-3-658-50120-4

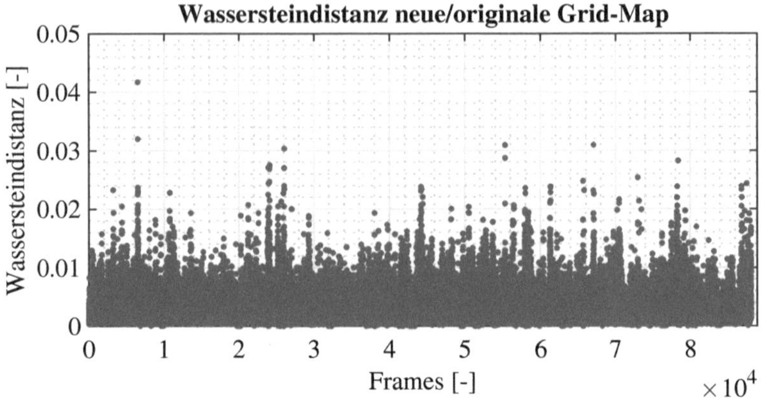

Abbildung A.1: Wassersteindistanz zwischen neuen und originalen Grid-maps

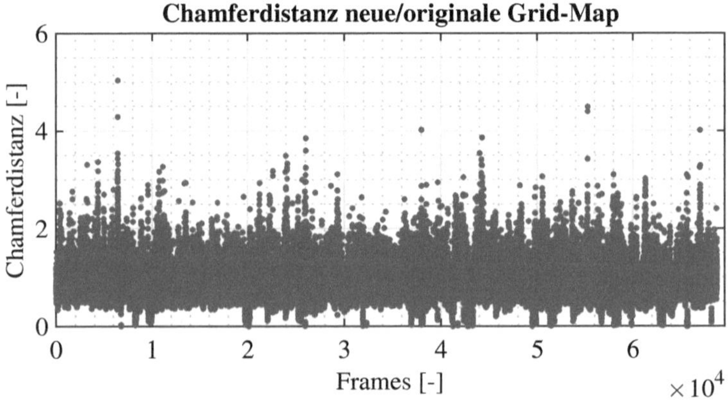

Abbildung A.2: Chamferdistanz zwischen neuen und originalen Grid-maps

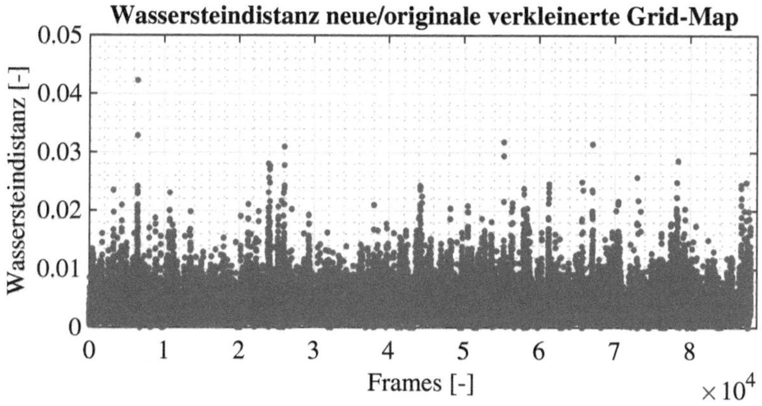

Abbildung A.3: Wassersteindistanz zwischen neuen und originalen verkleinerte Grid-maps

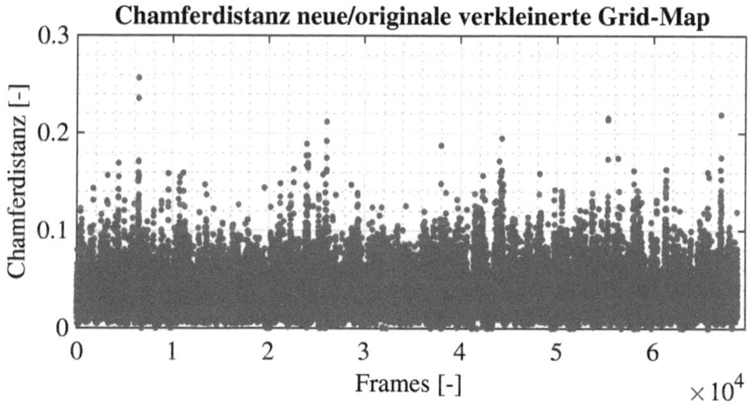

Abbildung A.4: Chamferdistanz zwischen neuen und originalen verkleinerte Grid-maps

Data Set	Size	Radar Type	Other Modalities	Sequential Data	Includes Doppler	Object Categories	Class Balancing	Object Annotations	Varying Scenarios
Oxford Radar RobotCar [18]	Large	Mechanically Scanning	Stereo Camera, Lidar	✓	✗	0	N/A	✗	+
MulRan [19]	Middle	Mechanically Scanning	Lidar	✓	✗	0	N/A	✗	+
RADIATE [20]	Large	Mechanically Scanning	Camera, Lidar	✓	✗	8	+	2D Boxes	++
nuScenes [16]	Large	Low Res. Automotive	Camera, Lidar	✓	✓	23	+	3D Boxes	++
Zendar [22]	Large	Low Res. Automo. (High Res. SAR)	Camera, Lidar	✓	✓	1	N/A	2D Boxes (2.5 % Manual Labels)	++
Astyx [17]	Small	Next Gen. Automotive	Camera, Lidar	✗	✓	7	-	3D Boxes	-
NLOS-Radar [23]	Small	Next Gen. Automotive	Lidar	✓	✓	2	++	Point-Wise	-
CARRADA [21]	Small	Automotive	Camera	✓	✓	3	++	Spectral Annotations	-
CRUW [24]	Large	Automotive	Stereo Camera	✓	✗	3	+	Spectral Boxes (Only 19 %)	++
RadarScenes (Ours)	Large	Automotive	Docu Camera	✓	✓	11	+	Point-Wise	++

Abbildung A.5: Übersicht verschiedener Datensätze [104]

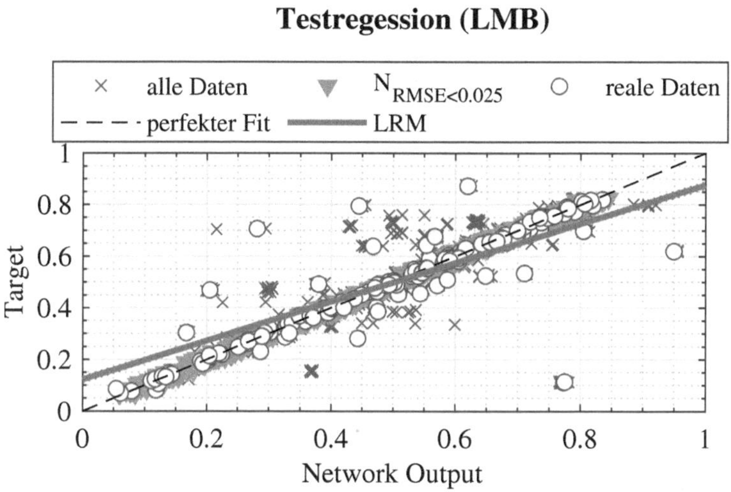

Abbildung A.6: Testregression mit Auswahl aller Frames deren RMSE<0,025, Datensatz mit realen und synthetischen Frames, Trainingsfunktion=LMB

Tabelle A.2: Werte der AVM Analyse der x-Koordinate

	M_2	M_3	M_4	M_5
M_1	0,1055	0,0751	0,0716	0,477
M_2	-	0,1404	0,0629	0,4086
M_3	-	-	0,1389	0,5367
M_4	-	-	-	0,4079

Tabelle A.3: Werte der AVM Analyse: y-Koordinate

	M_2	M_3	M_4	KDT
M_1	0,3158	0,1157	0,2584	0,6445
M_2	-	0,3387	0,29	0,6502
M_3	-	-	0,1898	0,5612
M_4	-	-	-	0,4142

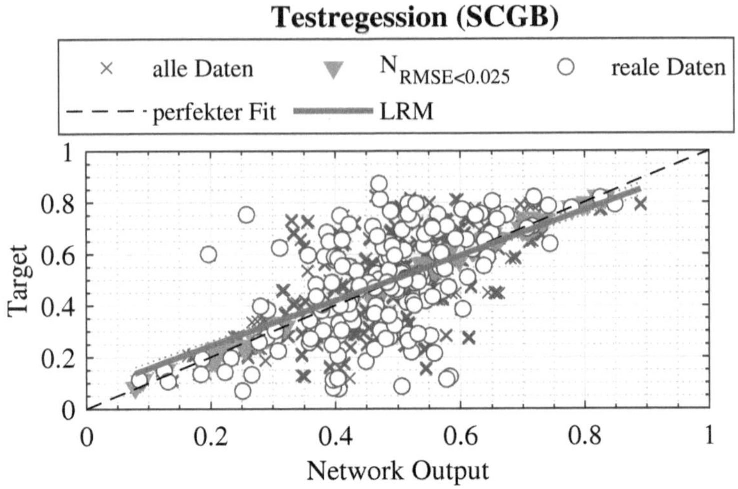

Abbildung A.7: Testregression mit Auswahl aller Frames deren RMSE<0,025, Datensatz mit realen und synthetischen Frames, Trainingsfunktion=SCGB

Tabelle A.4: Werte der Trainregression, der jeweils besten Netzkonfigurationen

Art der Trainings- & Testdaten	Trainings-funktion	R^2	m	N_{Layer}	N_{Frames} [%] (Real)
Real & Synth.	BRB	0,9895	0,9984	28	59,213
Real	BRB	0,9997	1,0009	3	69,912
Real & Synth.	LMB	0,9991	1,0003	34	40,034
Real	LMB	0,9995	1,0118	15	39,823
Real & Synth.	SCGB	0,2734	1,2768	35	3,518
Real	SCGB	0,9992	1,0005	35	39,823

Tabelle A.5: Werte der TrainTestregression, der jeweils besten Netzkonfigurationen

Art der Trainings- & Testdaten	Trainings-funktion	R^2	m	N_{Layer}	N_{Frames} [%] (Real)
Real & Synth.	BRB	0,9502	0,9852	28	24,121
Real	BRB	0,2837	0,5078	3	9,735
Real & Synth.	LMB	0,7992	0,9005	34	18,844
Real	LMB	0,0680	0,3223	15	11,504
Real & Synth.	SCGB	0,1854	1,0302	35	2,596
Real	SCGB	0,4195	0,6734	35	7,965

Tabelle A.6: Werte der Testregression, der jeweiligen besten Netzkonfigurationen

Art der Trainings- & Testdaten	Trainings-funktion	R^2	m	N_{Layer}	N_{Frames} [%] (Real)
Real & Synth.	LMB	0,8093	0,8769	34	81,731
Real	LMB	0,0982	0,2049	15	52,885
Real & Synth.	SCGB	0,1774	1,0852	35	2,885
Real	SCGB	0,2803	0,3676	35	43,269

Tabelle A.7: Mediane der Metriken bei Vergleich Metriken zu Genauigkeit zwischen einzelnen Domains

Chamfer-Distanz	15,2	4,82	23,65	3,89	3,85	3,8
Wasserstein-Distanz	23,64	3,89	15,19	3,85	2,48	1,48
Area-Validation-Metrik	23,64	3,80	15,19	6,218	4,82	3,86

Kolibri 360 GmbH
Ferdinand-Jühlke-Straße 7
99095 Erfurt, Deutschland
produktsicherheit@kolibri360.de